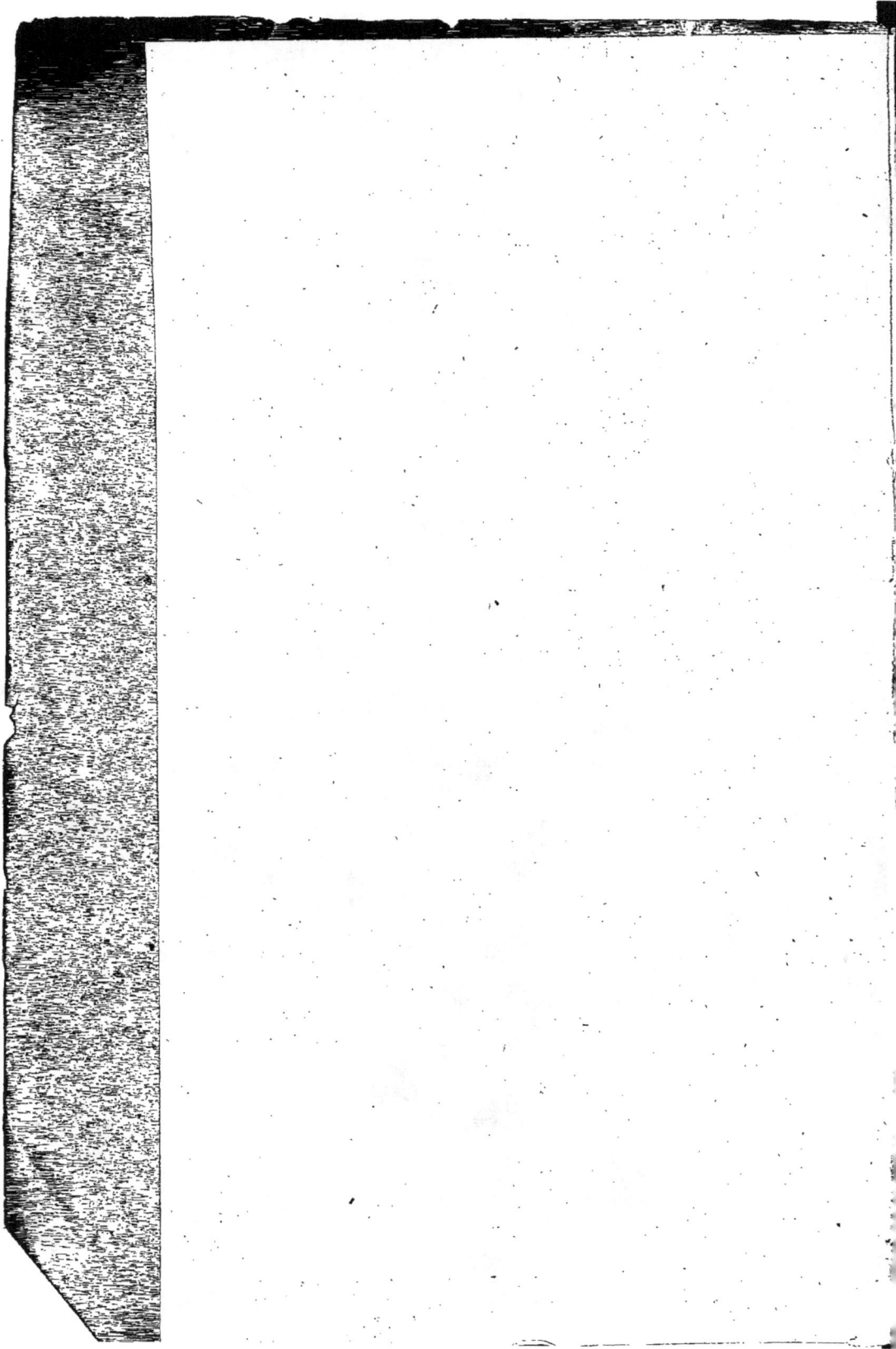

CATALOGUE

DES

PLANTES CULTIVÉES

AU

JARDIN BOTANIQUE DE LA VILLE DE GRENOBLE,

EN 1856,

AVEC L'INDICATION DE LA PATRIE ET DE LA DURÉE DES ESPÈCES ;

DESTINÉ AUX ÉCHANGES ;

Suivi de

L'INDICATION DES LOCALITÉS OU CROISSENT, DANS L'ARRONDISSEMENT DE GRENOBLE , QUELQUES ESPÈCES A AJOUTER A LA FLORE DE CETTE CONTRÉE ;

PAR J.-B. VERLOT,

JARDINIER EN CHEF DIRECTEUR DE CE JARDIN, CHARGÉ DU COURS D'ARBORICULTURE
DE LA VILLE DE GRENOBLE, ETC.

GRENOBLE,

MAISONVILLE, IMPRIMEUR DE LA MAIRIE, RUE DU PALAIS.

16 janvier 1857.

©

AVIS.

Depuis 1845, époque où le Jardin botanique de Grenoble a été transféré dans un lieu plus spacieux, qui permet d'y cultiver un grand nombre d'espèces, des catalogues renfermant les noms des graines récoltées chaque année ont été imprimés, afin de servir aux échanges; mais ces catalogues, par leur spécialité même, n'étant que des listes incomplètes des plantes cultivées au Jardin, nous avons pensé qu'il était préférable, cette fois, de publier un catalogue complet de ce qu'il possède : les correspondants verront par là les espèces qui lui manquent et qu'il conviendrait de lui envoyer.

Outre l'avantage que nous venons de signaler, ce catalogue, par des signes particuliers (*astérisques*) que nous placerons aux espèces dont chaque année le jardin possédera les graines, pourra, par des exemplaires nouveaux envoyés aux correspondants, remplacer au moins pendant quatre ou cinq ans les anciens catalogues annuels dont nous venons de parler; d'autres signes conventionnels indiqueront aussi, à l'avenir, les espèces dont le Jardin pourra disposer en pieds vivants il sera également utile aux personnes amateurs de la pomologie, en leur indiquant les diverses variétés d'arbres fruitiers cultivées au Jardin botanique, variétés dont des greffes, boutures ou crosettes, seront données toutes les fois que cela sera possible.

Nous avons fait suivre le nom de chaque espèce botanique du nom de sa patrie et de l'indication de sa durée, pensant que ces renseignements seraient utiles, soit au point de vue botanique, soit relativement à la culture de ces espèces. Pour l'indication de la patrie, nous avons quelques explications à donner : ainsi, pour l'Europe, lorsqu'une espèce habite dans plusieurs contrées autres que la France, nous avons toujours cité de préférence la contrée la plus rapprochée de nous; et pour les espèces françaises, nous avons adopté trois désignations particulières : 1º Arrondissement de Grenoble, 2º Dauphiné, 3º France. Dans le premier cas, la désignation signifie que la plante croît sauvage dans l'arrondissement administratif de Grenoble; dans le second cas, que l'espèce croît sur un ou plusieurs points des départements de l'Isère, de la Drôme ou des Hautes-Alpes (formant l'ancien Dauphiné), en exceptant toutefois, à notre connaissance, l'arrondissement de Grenoble ; et dans le troisième cas, que la plante croît en France, à l'exclusion des trois départements que nous venons de citer. Ce plan fera ressortir la flore du Dauphiné et celle des environs de Grenoble en particulier, sans toutefois préciser ces deux flores d'une manière complète, car nous n'avons inscrit dans ce catalogue que les espèces que nous cultivons réellement ou que nous espérons cultiver bientôt, en raison de ce qu'elles habitent sauvages près de nous. Quelquefois la patrie d'une plante n'est pas indiquée, c'est lorsque cette patrie ne nous était pas connue et que nous n'avons pu la trouver dans les ouvrages à notre disposition.

Quant aux signes adoptés pour désigner la durée des espèces, ce sont ceux usités ordinairement en pareille circonstance, c'est-à-dire que la lettre *a* désigne la plante annuelle, la lettre *b* celle qui est bisannuelle, la lettre *p* celle qui est pérenne ou vivace, et la lettre *l* celle qui est ligneuse , en formant soit un arbre, soit un arbuste, soit un arbrisseau ; quelquefois deux lettres désignent la durée d'une plante, c'est lorsque cette durée tient à la fois à la signification de ces deux lettres.

Nous n'expliquons point les abréviations des noms d'auteurs dont nous avons fait suivre les espèces botaniques; nous pensons que ces explications n'apprendraient rien aux personnes qui sont familiarisées avec le langage botanique et qu'elles n'auraient qu'une importance très-secondaire pour celles qui sont étrangères aux usages de cette science.

Maintenant, en terminant cet avis, il nous reste un devoir à remplir, c'est celui d'adresser nos sincères remerciements, soit à MM. les Directeurs des divers jardins botaniques de France et de l'étranger, soit à diverses autres personnes qui ont bien voulu, depuis douze ans, établir des échanges de plantes ou de graines avec le jardin de Grenoble, ou qui ont fait à ce jardin des dons de ces mêmes objets. Espérons que ces généreux donateurs ou échangistes voudront bien, dans l'avenir, lui continuer leur faveur.

Le Jardin doit surtout des remerciements à MM. les Directeurs des jardins botaniques de : Paris (1º Muséum d'histoire naturelle, 2º Faculté de médecine), Angers, Dijon, Orléans, Lyon, Strasbourg , Montpellier, Tours, Alger (1), Heidelberg, Genève, Gênes, Gottingue, Wurtzbourg, Erlangen, Munich , Leipsic, Trieste, Iéna, Turin, Pillnitz, Kœnigsberg, Vienne, Breslau, Zurich, Upsal, Hale, Fribourg en Brigau , Pise , Bonn , Kiow, Saint-Pétersbourg, Dorpat, Dresde, Berlin, Florence, Naples, Padoue, Bologne , Hambourg, Groningue, Erfurt, Giessen, Carlsruhe.

Et quant aux personnes étrangères à notre ville : à MM. Ed. Boissier, de Genève ; F.-S. Alioth, de Bâle ; Van Houtte, de Gand ; Vilmorin, de Paris; V. Reboud, chirurgien dans l'armée d'Afrique; Clauson, en Algérie; Alexis Jordan, de Lyon ; Ch. Grenier, de Besançon; C. Sauzé , de la Mothe Sainte-Heraye (Deux-Sèvres); Auguste Roche, de Saillans (Drôme); Duret, de Nuits (Côte d'Or); F. Malnoury, de Dijon; Audibert frères, de Tonnelle (Bouches du Rhône); B. Blanc, de Gap; C. Billot, d'Haguenau (Bas-Rhin); l'abbé Boullu, de Lyon; Radit, négociant au Sénégal ; Margot , médecin à Voiron; Dufour, de Voiron; l'abbé David, d'Eydoche (Isère).

Quant aux personnes de Grenoble , nos remerciements s'adressent plus particulièrement à : MM. Piat-Desvial, conseiller à la cour impériale; Alex. Crépu, ancien représentant du peuple ; B. Jayet, propriétaire; Charransol, conseiller à la cour; Robert, horloger; Buisson, négociant, etc.

J.-B. VERLOT.

Grenoble, le 31 décembre 1856.

(1) Pour l'ordre des citations des jardins qui suivent, nous avons en égard au nombre des envois que nous avons reçus de chacun d'eux, et non à leur importance relative.

CATALOGUE

DES PLANTES

CULTIVÉES AU JARDIN BOTANIQUE DE LA VILLE DE GRENOBLE,

EN 1856,

Avec l'indication, par un astérisque placé devant leur nom, des espèces offertes en échange, en graines, du 1er janvier au 1er mars de la présente année 185 —

CLASSE 1. — DICOTYLEDONÉES.

SOUS-CLASSE 1. — THALAMIFLORES.

ORDRE 1. — **RENONCULACÉES**.

CLEMATIS *L.*
— recta *L.* Dauphiné. p
— flammula *L.* France mérid. l.
— maritima *L.* Id. id. l.
— lathyrifolia *Bess.* l.
— glauca *Willd.* Sibérie. l.
— vitalba *L.* Arr.t de Grenoble. l.
— grata *Wall.* Népaul. l.
— virginiana *L.* Amér. sept. l.
— soongarica *Bunge.* Songarie. l.
— angustifolia *Jacq.* Eur. aust. p.
— viorna *L.* Amér. sept. l.
— tubulosa *Turcz.* Chine. l.
— integrifolia *L.* Hongrie. p.
— patens *Mor.* et *Dne.* Japon. l.
— viticella *L.* Europe aust. l.
— — var. *flor. pleno.* l.
— campaniflora *Brot.* Portugal. l.
— crispa *L.* Amér. sept. l.
— parviflora *DC.* l.
— cirrhosa *L.* Europe aust. l.

ATRAGENE *L.*
— americana *Sims.* l.
— alpina *L.* Arr.t de Grenoble. l.

THALICTRUM *L.* p.
— aquilegifolium *L.* Arr.t de Gren. p.
— — *atropurpureum Murr.* p.
— fœtidum *L.* Dauphiné p.
— precox *Jord.* Id. p.
— calcareum *Jord.* Arr.t de Gren. p.
— odoratum *Gr.* et *Gord.* Dauph. p.
— minus *L.* Arr.t de Grenoble. p.
— Kochii *Fries.* Id. p.
— tortuosum *Jord.* Dauphiné. p.
— expansum *Jord.* Id. p.
— virgultorum *Jord.* Id. p.
— nutans *Desf.* Id. p.
— elatum *Murr.* Hongrie. p.
— medium *Murr.* France. p.
— Jordani *F. Schultz.* Dauphiné. p.
— paradoxum *Jord.* Id. p.

— Timeroyi *Jord.*   *Id.*   p.
— Bauhini *Crantz.* Arr^t de Gren. p.
— galioides *Nestl.* France. p.
— porrectum *Jord.* Dauphiné. p.
— nitidulum *Jord.*   *Id.*   p.
— spurium *Timeroy.*   *Id.*   p.
— angustifolium *Jacq.* Allemagne. p.
— mediterraneum *Jord.* France. p.
— nigricans *Jacq.* Autriche. p.
— riparium *Jord.* Arr^t de Grenoble. p.
— procerum *Jord* Dauphiné. p.
— flavum *L.* Arr^t de Grenoble. p.
— capitatum *Jord.* Dauphiné. p.
— simplex *L.*   *Id.*   p.
— glaucum *Desf.* Espague. p.
— rugosum *Ait.* Amér. sept. p.

ANEMONE *L.*
— vernalis *L.* Arr^t de Grenoble. p.
— Halleri *L.*   *Id.*   p.
— pulsatilla *L.* France. p.
— montana *Hoppe.* France. p.
— pratensis *L.* Prusse. p.
— alpina *L.* Arr^t de Grenoble. p.
— coronaria *L.* France mér. p.
— fulgens *Gay.*   *Id.*   p.
— stellata *Lam.*   *Id.*   p.
— baldensis *L.* Arr^t de Grenoble. p.
- nemorosa *L.*   *Id.*   p.
— ranunculoides *L.* *Id.*   p.
— sylvestris *L.* France. p.
— alba *Juss.* Dahurie. p.
— virginiana *L.* Amér. sept. p.
— multifida *L.*   *Id.*   p.
— hudsoniana *Richards.* Am. sept. p.
— pensylvanica *L.*   *Id.*   p.
— japonica *Sieb.* et *Zucc.* Japon. p.
— elegans *Dne*   *Id.?*   p.
— narcissiflora *L.* Arr^t de Grenob. p.

HEPATICA *Dill.*
— triloba *Chaix.* Arr^t de Grenoble. p.
— — *flore pleno.* p.

ADONIS *Dill.*
— autumnalis *L.* Dauphiné a.
— flammea *Jacq.* Arr^t de Grenoble. a.
— æstivalis *L.* Dauphiné. a.
— Cupaniana *Juss.* Sicile. a.
— caudata *Stev.* Taurie. a.
— vernalis *L.* France. p.

CALLIANTHEMUM *C. A. M.*
— rutæfolium *C. A. M.* Arr^t de Grenoble. p.

CERATOCEPHALUS *Mœnch.*
— falcatus *Pers.* Dauphiné. a.

RANUNCULUS *C. Bauch.*
— cœnosus. *Guss.* Sicile. p.

— fumariæfolius *Desf.* Patrie ignor. p.
— asiaticus *L.* Orient. p.
— Thora *L.* Arr^t de Grenoble. p.
— glacialis *L.*   *Id.*   p.
— Seguieri *Vill.*   *Id.*   p.
— alpestris *L.*   *Id.*   p.
— aconitifolius *L.* *Id.*   p.
— platanifolius *L.* *Id.*   p.
— pyrenæus *L.*   *Id.*   p.
— parnassifolius *L.* *Id.*   p.
— gramineus *L.* Dauphiné. p.
— lingua *L.*   *Id.*   p.
— flammula *L.*   *Id.*   p.
— auricomus. *L.* *Id.*   p.
— abortivus *L.* Virginie. z.
— sceleratus *L.* Arr^t de Grenoble. a.
— montanus *Willd.* *Id.*   p.
— aduncus *Gren.*   *Id.*   p.
— Grenierianus *Jord.* *Id.*   p.
— stipatus *Jord.* Dauphiné. p.
— acris *L.* Arr^t de Grenoble. p.
— — var. *flore pleno.* p.
— Friesanus *Jord.* Arr^t de Gren. p.
— Borœanus *Jord.* France. p.
— procerus *Moris.* Sardaigne p.
— sylvaticus *Thuill.* Arr^t de Gren. p.
— mixtus *Jord.* Dauphiné. p.
— radicescens *Jord.* France. p.
— spretus *Jord.* Arr^t de Grenoble. p.
— velutinus *Ten.* France. p.
— lanuginosus *L.* Arr^t de Grenoble p.
— tuberosus *Lap.* France. p.
— angulatus *Presl.* Sicile. p.
— repens *L.* Arr^t de Grenoble. p.
— villiferus *Jord.* France. p.
— bulbosus *L.* Arr^t de Grenoble. p.
— philonotis *Retz.* *Id.*   a.
— tuberculatus *Kit.* Hongrie. a.
— arvensis *L.* Arr^t de Grenoble. a.
— muricatus *L.* France. a.
— parviflorus *L.* Dauphiné. a.
— trilobus *Desf.* France. a.
— ophioglossifolius *Vill.* *Id.* a.

FICARIA *Dill.*
— ranunculoides *Mœnch.* Arr^t de Grenoble. p.
— grandiflora *Robert.* France. p.

CALTHA *L.*
— palustris *L.* Arr^t de Grenoble. p.
— — var. *flore pleno.* p.
— radicans *Forst.* Ecosse. p.

TROLLIUS *L.*
— europæus *L.* Arr^t de Grenoble. p.
— americanus *Mulh.* et *Gasis.* Pensylvanie. p.

ERANTHIS *Salisb.*
— hiemalis *Salisb.* A^t de Grenoble. p.

HELLEBORUS *L.*
— niger *L.* Piémon-. p.
— orientalis *Gars.* Orient. p.
— purpurascens *W.* et *K.* Hong·c. p.
— odorus *W.* et *K.* *Id.* p.
— viridis *L.* Arr¹ de Grenoble. p.
— fœtidus *L.* *Id.* p.

ISOPYRUM *L.*
— thalictroides *L.* Ar¹ de Grenob e p.
— fumarioides *L.* Sibéric. a.

GARIDELLA *Tourn.*
— nigellastrum *L.* France méric. a.

NIGELLA *L.*
— orientalis *L.* Orient. a.
— hispanica *L.* Espagne. a.
— gallica *Jord.* France. a.
— arvensis *L.* Dauphiné. a.
— sativa *L.* France. a.
— damascena *L.* France. a.
— coarctata *Gmel.* a.
— Bourgæi *Jord.* Espagne. a.

AQUILEGIA *L.*
— vulgaris *L.* France. p.
— Hænkeana *Koch.* Allemagne. p.
— atrata *Koch.* France. p.
— nevadensis *Reut.* Espagne. p.
— glandulosa *Fisch.* Sibérie. p.
— alpina *L.* Arr¹ de Grenoble. p.
— Sternbergii *Reich.* France. p.
— pyrenaica *DC.* *Id.* p.
— Skinneri *Hook.* Amér. sept. p.
— jucunda *Fisch.* et *Lall.* Sibérie. p.
— viridiflora *Pall.* Sibérie. p.
— fragrans *Benth.* Inde orient. ɔ.

DELPHINIUM *Tourn.*
— Ajacis *L.* France. a.
— orientale *Gay.* Orient. a.
— consolida *L.* Arr¹ de Grenoble. a.
— — var. *variegata.* r.
— divaricatum *Ledeb.* Grèce. e.
— cardiopetalum *DC.* France. a.
— fissum *W.* et *K.* Dauphiné. n.
— grandiflorum *L.* Sibérie. p.

— revolutum *Desf.* Patrie iguorée. p.
— elatum *L.* Dauphiné. p.
— montanum *DC.* *Id.* p.
— laxiflorum *DC.* Sibérie. p.
— Requienii *DC.* France. b.
— pictum *W.* Europe australe. b.
— Staphysagria *L.* France. b.

ACONITUM *Tourn.*
— anthora *L.* Arr¹ de Grenoble. p.
— lycoctonum *L.* *Id.* p.
— septentrionale *Kœl.* Russie. p.
— barbatum *Patr.* Sibérie. p.
— variegatum *L.* Europe centrale. p.
— — var. *bicolor.* p.
— hebegynum *DC.* Suisse. p.
— paniculatum *Lam.* Arr¹ de Grenoble.
— Stœrkianum *Reich.* Suisse. p.
— — var. *bicolor.* p.
— vulgare *DC.* Arr¹ de Grenoble. p.
— pyramidale *Mill.* Patrie ignorée. p.
— neubergense *DC.* Dauphiné. p.
— eminens *Koch.* Allemagne p.

ACTÆA *L.*
— cimicifuga *L.* Sibérie. p.
— racemosa *L.* Amérique sep.. p.
— spicata *L.* Arr¹ de Grenoble. p.

ZANTHORHIZA *Marsh.*
— apiifolia *L'Hér.* Virginie. l.

POEONIA *L.* l.
— Moutan *Sims.* Chine. l.
— corallina *Retz.* France. p.
— Russi *Biv.* Corse. p.
— officinalis *Retz.* Dauphiné ? p.
— — var. *flore pleno.* p.
— triternata *Pall.* Dahurie. p.
— tenuifolia *L.* Sibérie. p.
— anomala *L.* *Id.* p.
— albiflora *Pall.* *Id.* p.
— — var. *Humei.* p.
— — var. *candida.* p.
— peregrina *Mill.* Dauphiné. p.
— mollis *Andr.* Sibérie. p.
— bannatica *Rochel.* Bannat. p.

ORDRE 2. — DILLÉNIACÉES.

CANDOLLEA *Labill.*
— cuneiformis *Labill.* N.-Hollande. l

HIBBERTIA *Andr.*
— grossulariæfolia *Salisb.* N.-Holl. l.
— volubilis *Andr.* *Id.* l.

ORDRE 2. — MAGNOLIACÉES.

MAGNOLIA *L.*
— grandiflora *L.* Amérique sept. l.
— glauca *L.* Caroline. l.

— tripetala *L.* Amérique sept. l.
— acuminata *L.* *Id.* l.
— macrophylla *Mich.* *Id.* l.

— cordata *Mich.* Amér. sept.   l.
— Yulan *Desf.* Chine.   l.
— var. *soulangiana. Hort.*   l.
— obovata *Thunb.* Japon.   l.
— — var. *purpurea.*   l.
— — var. *maxima.*   l.

— obovata *Th.* var. *triumphans.*   l.
— — var. *striata.*   l.
— Thompsoniana Sweet.   l.

LIRIODENDRON *L.*
— tulipifera *L.* Amérique sept.   l.
— — var. *integrifolia.*   l.

ORDRE 4. — ANONACÉES.

ANONA *Adans.*
— cherimolia *Mill.* Pérou.   l.

ASIMINA *Adans.*
— campaniflora *Spach.* Etats-Unis. l.
— conoidea *Spach.*   *Id.* ?   l.

ORDRE 5. — MENISPERMACÉES.

COCCULUS *C. Bauh.*
— laurifolius *DC.* Indes Orient.   l.

MENISPERMUM *Tourn.*
— canadense *L.* Amérique sept.   l.

ORDRE 6. — BERBÉRIDÉES.

BERBERIS *L.*
— vulgaris *L.* Arr^t de Grenoble.   l.
— — var. *violacea.*   l.
— canadensis *Mill.* Amér. sept.   l.
— sinensis *Desf.* Chine.   l.
— cratœgina *DC.* Asie Mineure.   l.
— provincialis *Audib.* France.   l.
— laxiflora *Schrad.*   l.
— nepalensis *Lodd.* Népaul.   l.

MAHONIA *Nutt.*
— fascicularis *DC.* Nouv.-Espagne. l.
— aquifolium *Nutt.* Amér. sept.   l.
— nepalensis *DC.* Népaul.   l.

NANDINA. *Thunb.*
— domestica *Thunb.* Japon.   l.

LEONTICE *L.*
— leontopetalum *L.* Europe austr.   p.

EPIMEDIUM *L.*
— macranthum *Mor.* et *Dns.* Japon. p.
— violaceum *Mor.* et *Dne*   *Id.*   p.
— Musschianum *M.* et *Dne.*   *Id.*   p.
— alpinum *L.* Arr^t de Grenoble?   p.
— pinnatum *Fisch.* Colchide.   p.

ACERANTHUS *Mor.* et *Dne.*
— diphyllus *Mor.* et *Dne.* Japon.   p.

ORDRE 7. — PODOPHYLLACÉES.

PODOPHYLLUM *L.*
— peltatum *L.* Amérique sept.   p.

ORDRE 8. — NYMPHÆACÉES.

NELUMBIUM *Juss.*
— speciosum *Willd.* Asie austr.   p.

NYMPHÆA *Neck.*
— cœrulea *Savig.* Egypte.   p.

— alba *L.* Arr^t de Grenoble.   p.

NUPHAR *Sibth.* et *Sm.*
— lutea *Smith.* Arr^t de Grenoble. p.

ORDRE 9. — PAPAVÉRACÉES.

PAPAVER *L.*
— nudicaule *L.* Sibérie.   p.
— rupifragum *B.* et *R.* Espagne.   p.

— hybridum *L.* Dauphiné.   a.
— argemone *L.* Arr^t de Grenoble. a.
— argemonoides *Cesati.* Italie.   a.

— dubium *L.* France. a.
— Lecoqii *Lamotte.* Arrᵗ de Gren. a.
— modestuin *Jord.* France. a.
— rhœas *L.* Arrᵗ de Grenoble. a.
— commutatum *F.* et *M.* Géorgie. a.
— arenarium *Bieb* Caucase. p.
— orientale *L.* Arménie. p.
— intermedium *Alph. DC.* p.
— bracteatum *Lindl.* Russie. p.
— pilosnm *Sibth* et *Smith.* Grèce. p.
— somniferum *L.* Grèce. a.
— hortense *Huss.* a.
— caucasicum *Bieb.* Caucase. b.
— — var. *hispidum.* b.

ARGEMONE *Tourn.*
— mexicana *L.* Mexique. a.
— ochroleuca *Sweet. Id.* a.
— grandiflora *Sweet. Id.* p.

MECONOPSIS *Vig.*
— cambrica *Vig.* France. p.

SANGUINARIA *Dill.*
— canadensis *L.* Amérique sept. p.

MACKLEYA. *R. Brown.*
— cordata *R. Brown.* Chine. p.

BOCCONIA *Plum.*
— frutescens *L.* Méxique· l.

ROEMERIA *Medik.*
— hybrida *DC.* France. a.
— bivalvis *DC.* Mésopotamie. a.

GLAUCIUM *Tourn.*
— flavum *Crantz.* Arrᵗ de Grenoble b.
— fulvum *Smith.* Europe austr. b.
— corniculatum *Curt.* France. a.

CHELIDONIUM *C. Bauh.*
— majus *Mill.* Arrᵗ de Grenoble. p.
— grandiflorum *DC.* Daburie. p.
— laciniatum *Mill.* France. p.

ESCHSCHOLTZIA *Cham.*
— californica *Cham.* Californie. p.

HYPECOUM *Tourn.*
— procumbens *L.* France. a.

ORDRE 10. — **FUMARIACÉES.**

DIELYTRA *DC.*
— spectabilis *DC.* Chine. p.
— formosa *DC.* Virginie. p.

ADLUMIA *Raf.*
— cirrhosa *Raf.* Canada. b.

CYSTICAPNOS *Bœrh.*
— africana *Gœrtn.* Cap de B.-Esp. a.

CORYDALIS *DC.*
— cava *Schw.* et *K.* Arrᵗ de Gren. p.
— solida *Smith. Id.* p.
— glauca *Pursh.* Canada. a.
— lutea *DC.* Arrᵗ de Grenoble. p.
— ochroleuca *Koch.* Istrie. p.

CERATOCAPNOS *Durieu.*
— palestina *Boiss.* Palestine. a.

PLATYCAPNOS *Bernh.*
— spicatus *Bernh.* France. a.

FUMARIA *Pers.*
— speciosa *Jord.* France. a.
— pallidiflora *Jord.* Dauphiné. a.
— Petteri *Reich.* Dalmatie. a.
— macrocarpa *Parl.* Grèce. a.
— agraria *Lag.* Espagne. a.
— major *Badaro.* France. a.
— Borœi *Jord. Id.* a.
— confusa *Jord. Id.* a.
— muralis *Sond.* Allemagne sept. a.
— vagans *Jord.* France. a.
— Kraliki *Jord. Id.* a.
— officinalis *L.* Arrᵗ de Grenoble. a.
— Wirgeni *Koch.* Prusse. a.
— micrantha *Lag.* France. a.
— Vaillantii *Lois.* Dauphiné. a.
— Laggeri *Jord. Id.* a.
— parviflora *Lam. Id.* a.
— glauca *Jord.* Dalmatie. a.

ORDRE 11. — **CRUCIFÈRES.**

MATTHIOLA *R. Brown.*
— incana *R. Brown.* France. b.
— annua *Sweet.* Europe austr. a.
— græca *Sweet.* Grèce. a.
— fenestralis *R. Brown.* Crête. b.
— sinuata *R. Brown.* France. b.
— patens *Presl.* Sicile. a.

— tristis *R. Brown.* France. p.
— tricuspidata *R. Brown.* France. a.

CHEIRANTHUS *R. Brown.*
— Cheiri *L.* Arrᵗ de Grenoble. b.
— — var. *versicolor.*
— semperflorens *Schousb.* Algérie. l.

NASTURTIUM *R. Brown.*
— officinale *R. Brown.* Ar^t de Gren. p.
— sylvestre *R. Brown.* *Id.* p.
— anceps *DC.* France. p.
— palustre *DC.* Arr^t de Grenoble. a.
— pyrenaicum *R. Br.* France. p.
— amphibium *R. Brown.* Dauphiné p.
— indicum *DC.* Indes. a.
— asperum *Boiss.* Dauphiné. a.

LEPTOCARPÆA *DC.*
— Lœselii *DC.* Allemagne. a.

NOTOCERAS *R. Brown.*
— canariense *R. Brown.* Iles Canar. a.

BARBAREA *R. Brown.*
— vulgaris *R. Brown.* Ar^t de Gren. b.
— arcuata *Reich.* Allemagne. b.
— stricta *Fries.* France. b.
— bracteosa *Gay.* Sicile. b.
— intermedia *Boreau.* Ar^t de Gren. b.
— precox *R. Brown.* *Id.* b.
— prostrata *Gay.* Espagne. b.

STREPTANTHUS *Nutt.*
— petiolaris *A. Gray.* a.

TURRITIS *Dill.*
— glabra *L.* Arr^t de Grenoble. b.

ARABIS *L.*
— Holbolliana *Horn.* Sibérie. b.
— heteromalla *Schrad.* b.
— rosea *DC.* Calabre. b.
— pseudo-turritis *Boiss.* Grèce. b.
— alpina *L.* Arr^t de Grenoble. p.
— albida *Stev.* Caucase. p.
— auriculata *Lam.* Arr^t de Grenob. a.
— saxatilis *All.* *Id.* b.
— brassicæformis *Wallr.* *Id.* p.
— sagittata *DC.* *Id.* b.
— Gerardi *Bess.* *Id.* b.
— hirsuta *Scop.* *Id.* b.
— arcuata *Shulihw.* *Id.* b.
— — var. *glabra.* *Id.* b.
— cenisia *Reut.* Piémont. p.
— Allionii *DC.* Dauphiné. p.
— muralis *Bertol.* Arr^t de Grenoble. p.
— collina *Ten.* Naples. p.
— stricta *Huds.* Arr^t de Grenoble. p.
— Thaliana *L.* a.
— serpillifolia *Vill.* *Id.* b.
— pubescens *Poir.* Algérie. b.
— procurrens *W. et K.* Hongrie. p.
— lyrata *L.* Amérique sept. a. p.
— arenosa *Scop.* France. b.
— Halleri *L.* Piémont. b.
— cebennensis *DC.* France. b.
— turrita *L.* Arr^t de Grenoble. b.
— bellidifolia *Jacq.* *Id.* p.

— Soyeri *Reut.* France. p.
— cœrulea *Wulf.* Dauphiné p.

CARDAMINE *DC.*
— alpina *Willd.* Arr^t de Grenoble p.
— resedifolia *L.* *Id.* p.
— amara *L.* Arr^t de Grenoble. p.
— pratensis *L.* *Id.* p.
— hirsuta *L.* *Id.* p.
— sylvatica *Link.* *Id.* a.
— parviflora *L.* France. a.
— impatiens *L.* Arr^t de Grenoble. a.
— macrophylla *Willd.* Sibérie. p.

PTERONEURUM *DC.*
— græcum *DC.* Grèce. a.

DENTARIA *Tourn.*
— digitata *Lam.* Arr^t de Grenoble. p.
— pinnata *Lam.* *Id.* p.
— bulbifera *L.* *Id.* p.

LUNARIA *L.*
— rediviva *L.* Arr^t de Grenoble. p.
— biennis *Mœnch.* France. b.

FARSETIA *Turr.*
— eriocarpa *DC.* Ile de Chypre. b.
— clypeata *R. Brown.* France. b.

BERTEROA *DC.*
— incana *DC.* France. b.
— mutabilis *DC.* Orient. b.
— procumbens *Portenst.* Dalmatie. b.

AUBRIETIA *Adans.*
— deltoidea *DC.* Grèce. p.
— Columnæ *Guss.* Sicile. p.
— erubescens *Griseb.* Turquie. p.

VESICARIA *Lam.*
— utriculata *Lam.* Arr^t de Grenob. p.
— græca *Boiss.* Grèce. p.
— sinuata *Poir.* Espagne. p.
— paniculata *Desv.* Crète. p.
— corymbosa *Griseb.* Turquie. b.
— grandiflora *Hook.* Texas. a.
— gracilis *Hook.* *Id.* a.

SCHIWERECKIA *Andrz.*
— podolica *Andrz.* Russie. p.

ALYSSUM *DC.*
— saxatile *L.* Allemagne. p. l.
— medium *Host.* Autriche. p. l.
— gemonense *L.* Autriche. p.
— orientale *Ard.* Crète. p.
— leucadeum *Guss.* Sicile. p.
— argenteum *Vitm.* Piémont. p.
— Wierzbickii *Heuff.* Bannat. p.
— serpillifolium *Desf.* Algérie. p.
— alpestre *L.* Dauphiné. p.
— montanum *L.* Arr^t de Grenob. p.
— cuneifolium *Ten.* Dauphiné. p.

— umbellatum *Desv.* Tauric. a.
— scutigerum *Duriew.* Algérie. a.
— rostratum *Stev.* Hongrie. a.
— granatense *Boiss.* Espagne. a.
— campestre *L.* Dauphiné. a.
— calycinum *L.* Arrᵗ de Grenoble. a.
— micropetalum *F.* et *M.* Iberic. a.
— spinosum *L.* France. ɔ. l.
— halimifolium *Willd.* Piémont. p. l.
— floribundum *B.* et *Bal.* Tauric. p.
— precox *Boiss.* et *Bal.* *Id.* p. l.

KONIGA *R. Brown.*
— maritima *R. Brown.* France. a p.
— lybica *R. Brown.* Espagne. a.

MENIOCUS *Desv.*
— linifolius *DC.* Algérie. a.

CLYPEOLA *Gœrtn.*
— Jonthlaspi *L.* Arrᵗ de Grenoble. a.

PELTARIA *L.*
— alliacea *L.* France. p.
— angustifolia *DC.* Taurie. p.

PETROCALLIS *R. Brown.*
pyenaica *R. Brown.* Arᵗ de Gren. p.

DRABA *DC.*
— aizoides *L.* Arrᵗ de Grenoble. p.
— bœtica *Boiss.* Espagne. p.
— hirta *L.* Norwège. p.
— rupestris *R. Brown.* Norwège. p.
— lapponica *Willd.* *Id.* p.
— muralis *L.* Arrᵗ de Grenoble. a.
— incana *L.* Dauphiné. b.
— stylaris *Gay.* Suisse. b.

EROPHILA *DC.*
— brachycarpa *Jord.* France. a.
— glabrescens *Jord.* Arrᵗ de Gren. a.
— stenocarpa *Jord.* France. a.
— majuscula *Jord.* Arᵗ de Grenob. a.

KERNERA *Medikus.*
— saxatilis *Reich.* Arrᵗ de Grenob. p.

ARMORACIA *Fl. der Wett.*
— rusticana *Fl. der Wett.* Dauph. p.

COCHLEARIA *L.*
— glastifolia *L.* France. p.
— officinalis *L.* *Id.* b.
— danica *L.* *Id.* a.

IONOPSIDIUM *Reich.*
— acaule *Reich.* Algérie. p.

CARPOCERAS *Boiss.*
— sibiricum *Boiss.* Sibérie. a.

THLASPI *Dill.*
— arvense *L.* Arrᵗ de Grenoble. a.
— perfoliatum *L.* *Id.* a.
— occeitanicum *Jord.* France. b.

— brachypetalum *Jord.* Arrᵗ de Grenoble. b.
— salticolum *Jord.* *Id.*
— vulcanorum *Lamotte.* France. b.
— Lereschii *Reut.* Suisse. b.
— Arnaudiæ *Jord.* France. b.
— sylvestre *Jord.* *Id.* p.
— Villarsianum *Jord.* Arᵗ de Gren. p.
— sylvium *Gaud.* Dauphiné. b.
— montanum *L.* Arrᵗ de Grenoble. p.
— rotundifolium *Gaud.* *Id* p.
— Tinei *Nyman.* Sicile. p.

CAPSELLA *Vent.*
— bursa-pastoris *Mœnch.* Arrᵗ de Grenoble.
— rubella *Reut.* *Id.* a.

HUTCHINSIA *R. Brown.*
— alpina *R. Brown.* Arrᵗ de Gren. p.
— petræa *R. Brown.* *Id.* a.
— procumbens *Desv.* France. a.

TEESDALIA *R. Brown.*
— nudicaulis *R. Brown.* Arrᵗ de Grenoble. a.

IBERIS *L.*
— Tenoreana *DC.* Sicile. p. l.
— umbellata *L.* Espagne. a.
— stricta *Jord.* Dauphiné. b.
— deflexifolia *Jord.* France. b.
— divaricata *Tausch.* Istrie. b.
— majalis *Jord.* France. b.
— collina *Jord.* *Id.* b.
— Timeroyi *Jord.* Dauphiné. b.
— Lamottii *Jord.* France. b.
— boppardensis *Jord.* Allemagne. b.
— intermedia *Guers.* France. b.
— amara *L.* Arrᵗ de Grenoble. a.
— arvatica *Jord.* France. a.
— Forestieri *Jord.* *Id.* a.
— affinis *Jord.* *Id.* a.
— pinnata *L.* Arrᵗ de Grenoble. a.
— Lagascana *DC.* Espagne. a.
— garrexiana *All.* France. p. l.
— sempervirens *All.* Ile de Crète p. l.
— subvelutina *DC.* Espagne. p. l.
— saxatilis *L.* Dauphiné. p. l.
— gibraltarica *L.* Portugal. l.
— semperflorens *L.* Sicile. l.

BISCUTELLA *L.*
— auriculata *L.* France. a.
— erigerifolia *DC.* Espagne. a.
— hispida *DC.* Arrᵗ de Grenoble. b.
— lyrata *L.* Espagne. a.
— raphanifolia *Poir.* Sicile. a.
— ciliata *DC.* Espagne. a.
— apula *L.* Corse. a.
— lævigata *L.* Arrᵗ de Grenoble. p.
— saxatilis *Schleich.* *Id.* p.

— coronopifolia *All.* Arr^t de Gren. p.

OCTHODIUM *DC.*
— ægyptiacum *DC.* Egypt. a.

ANASTATICA *Gœrtn.*
— hierochuntica *L.* Algérie. a.

CAKILE *Tourn.*
— maritima *Scop.* France. a.

CORDYLOCARPUS *Desf.*
— muricatus *Desf.* Algérie. a.

CHORISPORA *DC.*
— tenella *DC.* Russie. a.

MALCOMIA *R. Brown.*
— africana *R. Br.* France. a.
— laxa *DC.* Sibérie. a.
— chia *DC.* Ile de Chio a.
— maritima *R. Br.* France. a.
— bicolor *Boiss.* et *Held.* Grèce. a.
— ramosissima *Boiss.* b.

HESPERIS *L.*
— matronalis *L.* Arr^t de Grenoble. p.

SISYMBRIUM *L.*
— officinale *Scop.* Arr^t de Grenoble. a.
— strictissimum *L.* Allemagne. p.
— — var. *longisiliquosum.* Arr^t de Grenoble. p.
— austriacum *Jacq.* France. b.
— — var. *acutangulum Koch.* Arr^t de Grenoble. b.
— Irio *L.* Arr^t de Grenoble. a.
— Reboudianum *Verlot.* Algérie. a.(1)
— erysimoides *Desf.* Algérie. a.
— Columnæ *Jacq.* Dauphiné. a.
— Sophia *L.* Arr^t de Grenoble. a.
— canescens *Nutt.* Amér. sept. a.
— runcinatum *Lag.* Espagne. a.
— hirsutum *Lag.* *Id.* a.
— polyceratium *L.* France. a.
— pinnatifidium *DC.* Arr^t de Gren. p.

HUGUENINIA *Reich.*
— tanacetifolia *Reich.* Dauphiné. p.

ALLIARIA *Andrz.*
— officinalis *Andrz.* Arr^t de Gren. b.

ERYSIMUM *L.*
— cheiranthoides *L.* Arr^t de Gren. a.
— virgatum *Roth.* Arr^t de Gren. [b.
— aureum *Bieb.* Caucase. b.
— cheiriflorum *Wallr.* France. b.
— pumilum *Gaud.* *Id.* p.

— australe *Gay.* Arr^t de Grenoble. b.
— autareticum *Verlot.* Dauph. b. (2)
— crepidifolium *Reich.* *Id.* b.
— Kunzeanum *Boiss.* Espagne. b.
— rhæticum *DC.* Suisse. b.
— thyrsoideum *Boiss.* Taurie. b. p.
— ochroleucum *DC.* Arr^t de Gren. p.
— repandum *L.* Allemagne. a.
— Perowskianum *F. et M.* Cabul. a.

CONRINGIA *Andrz.*
orientalis *Andrz.* Arr^t de Gren. a.

SYRENIA *Andrz.*
— cuspidata *Reich.* Moldavie. b.
— angustifolia *Reich.* Hongrie. b.

CAMELINA *Crantz.*
— sativa *Crantz.* Arr^t de Grenoble. a.
— sylvestris *Wallr.* *Id.* a.
— dentata *Pers.* France. a.

TETRAPOMA *Turcz.*
— barbareæfolium *Turcz.* Sibér. b. p.

NESLIA *Desv.*
— paniculata *Desv.* Arr^t de Gren. a.

SENEBIERA *Poir.*
— linoides *DC.* Cap. a.
— pinnatifida *DC.* France. a.
— coronopus *Poir.* Arr^t de Gren. a.
— violacea *Munby* Algérie. p.

LEPIDIUM *R. Brown.*
— draba *L.* Arr^t de Grenoble. p.
— sativum *L.* Perse. a.
— campestre *R. Brown.* Arr^t de Grenoble. b.
— heterophyllum *Benth.* France. p.
— Smithii *Hook.* France. p.
— calycotrichum *Kunze.* Espagne. p.
— nebrodense *Guss.* Sicile. p.
— spinosum *L.* Orient. a.
— virginicum *L.* France. a.
— ruderale *L.* Dauphiné. a.
— micranthum *Ledeb.*? Russie. a.
— latifolium *L.* Dauphiné. p.
— cordatum *Willd.* Sibérie. p.
— graminifolium *L.* Arr^t de Gren. p.

HYMENOPHYSA *C. A. M.*
— pubescens *C. A. M.* Altaï. p.

ÆTHIONEMA *R. Brown.*
— saxatile *R. Brown.* Arr^t de Gren. b.
— Buxbaumii *DC.* Ibérie. a.
— coridifolium *DC.* Mont Liban. p.

ISATIS *L.*
— tinctoria *L.* France.   b.
— apiculata *Jord.* Dauphiné.   b.
— truncatula *Jord.   Id.*   b.
— canescens *DC.* France.   b.
— aleppica *Scop.* Grèce.   a.

MYAGRUM *L.*
— perfoliatum *L.* Dauphiné.   a.

GOLDBACHIA *DC.*
— lœvigata *DC.* Russie.   a.

BRASSICA *L.*
— macrocarpa *Guss.* Sicile.   b.
— oleracea *L.* France.   b.
— campestris *L.* Suède.   b.
— rapa *L.   Id. ?*   b.
— napus *L.   Id.*   b.
— chinensis *L.* Chine.   b.
— carinata *Al. Braun.* Abyssirie.   a.
— repanda *DC.* Arrᵗ de Grenoble.   p.
— Richerii *Vill.   Id.*   p.
— cheiranthos *Vill.* Dauphiné.   b.
— montana *DC.* Arrᵗ de Grenoble.   p.
— Tournefortii *Gouan.* Espagne.   a.
— Schimperi *Boiss.* Arabie.   a.

SINAPIS *Tourn.*
— nigra *L.* Arrᵗ de Grenoble.   a.
— geniculata *Desf.* Algérie.   a. b.
— lœvigata *L.* Espagne.   a.
— integrifolia *Willd.* Indes orient.   a.
— circinnata *Desf.* Algérie.   p.
— orientalis *L.* Orient.   a.
— arvensis *L.* Arrᵗ de Grenoble.   a.
— Allionii *Jacq.* Egypte.   a.
— turgida *Delile.   Id.*   a.
— incana *L.* Arrᵗ de Grenoble.   b.
— alba *L.* Dauphiné.   a.
— dissecta *Lag.* Corse.   a.
— apula *Ten.* Naples.   a.

ERUCASTRUM *Schimp.* et *Spenn.*
— obtusangulum *Reich.* Arᵗ de Gren.   b.
— Pollichii *Schimp.* et *Spenn. Id.*   a.

MORICANDIA *DC.*
— arvensis *DC.* France.   a.
— Ramburii *Webb.* Espagne.   p.

DIPLOTAXIS *DC.*
— crucoides *DC.* France.   a.
— apula *Ten.* Naples.   a.
— auriculata *Dur.* Algérie.   a.
— tenuifolia *DC.* Arrᵗ de Gren.   p.
— muralis *DC.   Id.*   a.
— viminea *DC.* Dauphiné.   a.
— Prolongi *Boiss.* Espagne.   a.

ERUCA *Tourn.*
— sativa *Lam.* Dauphiné.   a.
— stenocarpa *Boiss.* et *Reut.* Algér.   a.

VELLA *DC.*
— pseudocytisus *L.* Espagne.   l.
— spinosa *Boiss.   Id.*   l.

CARRICHTERA *DC.*
— vellæ *DC.* Sicile.   a.

SUCCOWIA *Medik.*
— balearica *Medik.* Sicile.   a.

PSYCHINE *Desf.*
— stylosa *Desf.* Algérie.   a.

CALEPINA *Adans.*
— Corvini *Desv.* Arrᵗ de Gren.   a.

CRAMBE *Tourn.*
— maritima *L.* France.   p.
— juncea *Bieb.* Taurie.   p.
— cordifolia *Stev.* Caucase.   p.
— hispanica *L.* Espagne.   a.

RAPISTRUM *Boerh.*
— perenne *Berg.* Suisse.   p.
— rugosum *Berg.* Arrᵗ de Gren.   a
— — var. *venosum DC.* France.   a
— Linnæanum *Boiss.* et *Reut. Id.*   a.

ENARTHROCARPUS *Labill.*
— lyratus *DC.* Grèce.   a.

COSSONIA *Dur.*
— africana *Dur.* Algérie.   p.

RAPHANUS *L.*
— sativus *L.* Chine.   a.
— raphanistrum *L.* Arrᵗ de Gren.   a.
— landra *Moretti.* France.   b.

BUNIAS *L.*
— erucago *L.* Arrᵗ de Grenoble.   a.
— arvensis *Jord.* France.   a.
— orientalis *L.* Allemagne.   p.

ERUCARIA *Gœrtn.*
— aleppica *Gœrtn.* Syrie.   a.

HELIOPHILA *N. Burm.*
— amplexicaulis *L.* Cap.   a.

SCHIZOPETALUM *Sims.*
— Walkeri *Sims.* Chili.   a.

2

ORDRE 12. — **CAPPARIDÉES**.

CLEOME *DC.*
— spinosa *L.* Amér. méridionale. a.
— pungens *Willd.* *Id.* a.
— iberica *DC.* Ibérie. a.

POLANISIA *Rafin.*
— graveolens *Rafin.* Amér. sept. a.
— trachysperma *Tor.* et *Gray.* Tex. a.

CAPPARIS *L.*
— saligna *Wahl.* Antilles. l.

ORDRE 13. — **FLACOURTIANÉES**.

KIGELLARIA *L.*
— africana *L.* Afrique australe. l.

ORDRE 14. — **CISTINÉES**.

CISTUS *Tourn.*
— purpureus *Lam.* Orient. l.
— creticus *L.* Crète. l.
— incanus *L.* France. l.
— garganicus *Ten.* Corse. l.
— crispus *L.* France. l.
— albidus *L.* *Id.* l.
— vaginatus *Ait.* Ténériffe. l.
— salvifolius *L.* Dauphiné. l.
— monspeliensis *L.* France. l.
— populifolius *L.* *Id.* l.

HELIANTHEMUM *Tourn.*
— punctatum *Willd.* France. a.
— niloticum *Pers.* *Id.* a.
— œlandicum *DC.* Arrᵗ de Gren. l.
— alpestre *Dun.* *Id.* l.

— vulgare *Gærtn.* *Id.* l.
— obscurum *Pers.* *Id.* l.
— racemosum *Dunal.* Espagne. l.
— pilosum *Pers.* France. l.
— velutinum *Jord.* Arrᵗ de Gren. l.
— apenninum *DC.* *Id.* l.
— calcareum *Jord.* Dauphiné. l.
— ciliatum *Pers.* Espagne. l.

FUMANA *Spach.*
— procumbens *Gr.* et *God.* Arrᵗ de Grenoble. l.
— Spachii *Gr.* et *God.* *Id.* l.
— viscida *Spach.* France. l.

LECHEA *L.*
— mexicana *Lk.* et *Otto.* Mexique. p.

ORDRE 15. — **VIOLARIÉES**.

VIOLA *Tourn.*
— palmata *L.* Amér. septent. p.
— cucullata *Elliot.* *Id.* p.
— palustris *L.* Arrᵗ de Grenoble. p.
— hirta *L.* *Id.* p.
— Foudrasi *Jord.* France. p.
— permixta *Jord.* *Id.* p.
— delphinensis *Jord.* Dauphiné. p.
— sepincola *Jord.* *Id.* p.
— Henoni *Jord.* France. p.
— scotophylla *Jord.* Arrᵗ de Gren. p.
— multicaulis *Jord.* *Id.* p.
— dumetorum *Jord.* France. p.
— subcarnea *Jord.* *Id.* p.
— odorata *L.* Arrᵗ de Grenoble. p.
— floribunda *Jord.* France. p.
— suavissima *Jord.* *Id.* p.
— consimilis *Jord.* *Id.* p.
— arenaria *DC.* Arrᵗ de Grenoble. p.

— sylvatica *Fries.* *Id.* p.
— Riviniana *Reich.* *Id.* p.
— Reichenbachii *Jord.* France. p.
— juratensis *Jord.* *Id.* p.
— nemoralis *Jord.* Arrᵗ de Gren. p.
— pumila *Will.* Dauphiné. p.
— elatior *Fries.* France. p.
— mirabilis *L.* Arrᵗ de Grenoble. p.
— biflora *L.* *Id.* p.
— ruralis *Jord.* France. a.
— arvatica *Jord.* *Id.* a.
— agrestis *Jord.* Arrᵗ de Gren. a.
— Deseglisei *Jord.* France. a.
— pallescens *Jord.* *Id.* a.
— conica *Jord.* Corse. a.
— Timbali *Jord.* France. a.
— contempta *Jord.* *Id.* a.
— obtusifolia *Jord.* *Id.* a.
— segetalis *Jord.* Arrᵗ de Gren. a.

V. tricolor des auteurs, en partie.

— peregrina *Jord.* France. a.
— variata *Jord. Id.* a.
— Lejeunii *Jord.* Belgique. *.* b.
— Lloydii *Jord.* France. a.
— alpestris *Jord.* Ar^t de Grec. b.
— luteola *Jord.* France. b.
— lepida *Jord. Id.* b.
— sabulosa *Boreau. Id.* a.

V. tricolor des auteurs, en partie.

— Sagoti *Jord. Id.* a. b.
— vivariensis *Jord. Id.* b.
— macedonica *Boiss.* et *Heldr.* b. p.
— rothomagensis *Desf.* France. b. p.
— calcarata *L.* Arr^t de Grenoble. p.
— cornuta *L.* France. p.
— altaica *Ker.* Monts Altaï. p.

ORDRE 16. — **RÉSÉDACÉES**.

Reseda *L.*
— phyteuma *L.* Arr^t de Grenoble. a.
— Durieana *J. Gay.* Algérie. b. p.
— inodora *Reich.* Hongrie. b. p.
— odorata *L.* Afrique boréale. a. b.
— lutea *L.* Arr^t de Grenoble. b.
— crystallina *Webb.* et *B.* Canaries. b.

— ramosissima *Pourr.* Espagne. p.
— alba *L.* France. b.
— complicata *Bory.* Espagne. p.
— luteola *L.* Arr^t de Grenoble. b.

Astrocarpus *Neck.*
— purpurascens *Walp.* France. p.

ORDRE 17. — **DROSÉRACÉES**.

Parnassia *Tourn.*
— palustris *L.* Arr^t de Grenoble. p.

ORDRE 18. — **POLYGALÉES**.

Polygala *Tourn.*
— cordifolia *Thunb.* Cap. l.
— — var. *Dalmesiana Hort.* l.
— myrtifolia *L.* Cap. l.

— speciosa *Sims.* Cap. l.
— vulgaris *L.* Arr^t de Grenoble. p.
— calcarea *F. Schultz. Id.* p.
— chamæbuxus *L. Id.* p. l.

ORDRE 19. — **PITTOSPORÉES**.

Sollya *Lindl.*
— heterophylla *Lindl.* Tasmanie. l.

Pittosporum *Banks.*
— tobira *Ait.* Japon.

— tobira var. *variegatum.* l.
— undulatum *Andr.* N.-Hollande. l.
— revolutum *Ait. Id.* l.

ORDRE 20. — **FRANKÉNIACÉES**.

Frankenia *L.*
— pulverulenta *L.* France. a.

ORDRE 21. — **SILÉNÉES**.

Gypsophila *L.*
— collina *Stev.* Russie. p.
— viscosa *Murr.* Orient. a.
— perfoliata *L.* Espagne. p.
— scorzonerifolia *Desf.* Caucase. p.

— acutifolia *Fisch.* Caucase. p.
— paniculata *L.* Sicile. p.
— elegans *Bieb.* Tauride. a.
— repens *L.* Arr^t de Grenoble. p.
— glomerata *Pall.* Caucase. p.

TUNICA *Scop.*
— saxifraga *Scop.* Arr¹ de Gren.   p.

DIANTHUS *L.*
— prolifer *L.* Arr¹ de Grenoble.   a.
— velutinus *Guss.* France.   a.
— Barati *Baud.* Algérie.   a. b.
— armeria *L.* Arr¹ de Grenoble.   a.
— barbatus *L.*   *Id.* ?   p.
— pinifolius *Sibth.* et *Sm.* Grèce.   p.
— polymorphus *Bieb.* Caucase.   p.
— Balbisii *Ser.* Piémont.   p.
— atrorubens *All.* Dauphiné.   p.
— vaginatus *Chaix.*   *Id.*   p.
— Carthusianorum *L.* Arr¹ de Gren.   p.
— suffruticosus *Willd.*   l.
— Seguierii *Chaix.* Dauphiné.   p.
— collinus *W.* et *K.* Hongrie.   p..
— campestris *Bieb.* Tauride.   p.
— brachyanthus *Boiss.* France.   p.
— graniticus *Jord.*   *Id.*   p.
— pratensis *Bieb.* Tauride.   p.
— chinensis *L.* Chine.   b.
— Schraderi *Reich.* Orient ?   b.
— caryophyllus *L.* France.   p.
— saxicola *Jord.* Dauphiné.   p.
— Scheuchzeri *Reich.* Arr¹ de Gren.   p.
— sylvestris *Wulf.*   *Id.*   p.
— Godronianus *Jord.* Dauphiné.   p.
— tener *Balb.* France.   p.
— deltoides *L.* Arr¹ de Grenoble.   p.
— cœsius *Smith.*   *Id.*   p.
— neglectus *Lois.* Dauphiné.   p.
— plumarius *L.* Autriche.   p.
— Mussini *Horn.*   p.
— monspessulanus *L.* Arr¹ de Gren.   p.
— superbus *L.* Dauphiné.   p.

VACCARIA *Dod.*
— parviflora *Mœnch.* Arr¹ de Gren.   a.
— grandiflora *Spach.* Ibérie.   a.

SAPONARIA *L.*
— officinalis *L.* Arr¹ de Grenoble.   p.
— ocymoides *L.*   *Id.*   p.
— glutinosa *Bieb.* Tauride.   b.
— cerastoides *C. A. M.* Perse.   a.
— orientalis *L.* France.   a.

CUCUBALUS *Gœrtn.*
— bacciferus *L.* Arr¹ de Grenoble.   p.

SILENE *L.*
— acaulis *L.* Arr¹ de Grenoble.   p.
— bryoides *Jord.*   *Id.*   p.
— excapa *All.* Dauphiné.   p.
— Personii *Schott.*   p.
— inflata *Smith.* Arr¹ de Grenoble.   p.
— puberula *Jord.* France.   p.

— brachiata *Jord.*   *Id.*   p.
— Tenoreana *Coll.* Corse.   p.
— glareosa *Jord.* Arr¹ de Grenoble.   p.
— alpina *Thom.*   *Id.*   p.
— saponariæfolia *Schott.* Russie.   b.
— Zawadzkii *Herbich.* Gallicie.   p.
— wolgensis *Otth.* Russie.   p.
— pseudo-otites *Bess.* Arr¹ de Gren.   p.
— otites *Pers.* France.   p.
— ruthenica *Otth.* Russie.   p.
— tatarica *Pers.* Tartarie.   p.
— viscosa *Pers.* Italie.   b.
— conica *L.* Dauphiné.   a.
— conoidea *L.*   *Id.*   a.
— gallica *L.*   *Id.*   a.
— littoralis *Jord.* France.   a.
— disticha *Willd.* Algérie.   a.
— quinquevulnera *L.* Dauphiné.   a.
— nocturna *L.* France.   a.
— permixta *Jord.*   *Id.*   a.
— brachypetala *Rob.* et *Cast.*   *Id.*   a.
— cinerea *Desf.* Algérie.   a.
— hispida *Desf.* Corse.   a.
— dichotoma *Ehrh.* Hongrie.   a.
— squamigera *Boiss.* Orient.   a.
— bipartita *Desf.* Corse.   a.
— ambigua *Camb.* Algérie.   a.
— pendula *L.* Sicile.   a.
— quadridentata *DC.* Arr¹ de Gren.   p.
— alpestris *Jacq.* Autriche.   p.
— rupestris *L.* Arr¹ de Grenoble.   p.
— inaperta *L.* Dauphiné.   a.
— saxifraga *L.* Arr¹ de Grenoble.   p.
— spathulæfolia *Jord.* Dauphiné.   p.
— nutans *L.* Arr¹ de Grenoble.   p.
— livida *Willd.* Carniole.   p.
— insubrica *Gaud.* Suisse.   p.
— rosulata *Soyer.-Willem.* et *God.* Algérie.   p.
— viridiflora *L.* Portugal.   p.
— Hornemanni *Steud.*   p.
— stricta *L.* Espagne.   a.
— pteropleura *Boiss.* et *Reut.* Algér.   a.
— muscipula *L.* Dauphiné.   a.
— noctiflora *L.*   *Id.*   a.
— decumbens *Biv.* Sicile.   a.
— portensis *L.* France.   a.
— babylonica *Boiss.* Orient.   a.
— vallesia *L.* Arr¹ de Grenoble.   p.
— schafta *G. Gmel.* Caucase.   p.
— fruticosa *L.* Sicile.   l.
— paradoxa *L.* Dauphiné.   p.
— italica *DC.*   *Id.*   p.
— patula *Desf.* Algérie.   p.
— nemoralis *W.* et *K.* Hongrie.   b.
— longiflora *Ehrh.*   *Id.*   p.
— armeria *L.* Arr¹ de Grenoble.   a.
— compacta *Fisch.* Russie.   b.

Viscaria *Roehl.*
— purpurea *Wimm.* France. p.
— alpina *Fries.* Arr^t de Grenoble p.
— oculata *Lindl.* Algérie. a.
— cœli-rosa *H. Paris.* France. a.

Lychnis *L.*
— chalcedonica *L.* Russie mér. p.
— flos-Jovis *Desr.* Arr^t de Gren. p.
— sylvestris *Hopp.* *Id.* p.
— macrocarpa *Boiss.* et *Reut.* Algér. p.

— dioica *L.* Arr^t de Grenoble. p.
— lœta *Ait.* France. a.
— flos-cuculi *L.* Arr^t de Grenoble. p.
— coronaria *Desr.* Dauphiné. p.
— Githago *Desr.* Arr^t de Gren. a.

Velezia *L.*
— rigida *L.* Dauphiné. a.

Drypis *L.*
— spinosa *L.* Italie. p.

ORDRE 22. — ALSINÉES.

Lepyrodiclis *Fenzl.*
— holosteoides *Fenzl.* Perse. a.

Buffonia *Sauv.*
— macrosperma *Gay.* Dauphiné. a.

Sagina *L.*
— procumbens *L.* Arr^t de Gren. c.
— apetala *L.* *Id.* a.
— Linnœi *Presl.* *Id.* a.
— glabra *Fenzl.* *Id.* a.
— pilifera *Fenzl.* Corse. p.

Moehringia *L.*
— muscosa *L.* Arr^t de Grenoble. p
— trinervia *Clairv.* *Id.* c

Mollugo *Ser.*
— cerviana *Ser.* Espagne. a.

Holosteum *L.*
— umbellatum *L.* Arr^t de Gren. a.

Spergula *L.*
— arvensis *L.* Arr^t de Gren. a.
— — var. *maxima.* a.

Spergularia *Pers.*
— rubra *Pers.* Arr^t de Grenoble. a.

Drymaria *Willd.*
— cordata *Willd.* Jamaïque. a.

Stellaria *L.*
— nemorum *L.* Arr^t de Grenoble. p.
— radians *L.* Sibérie. p.
— media *Smith.* Arr^t de Grenoble. a.
— Boræana *Jord.* *Id.* a.
— holostea *L.* *Id.* p.
— graminea *L.* *Id.* p.
— uliginosa *Murr.* *Id.* p.
— Friesiana *Ser.* Suède. p.
— scapigera *Willd.* Ecosse. p.

Eremogone *Fenzl.*
— nardifolia *Fenzl.* Sibérie. p.
— stenophylla *Fenzl.* *Id.* p.

Alsine *Wahlenb.*
— tenuifolia *Crantz.* Arr^t de Gren. a.
— hybrida *Jord.* *Id.* a.
— laxa *Jord.* *Id.* a.
— Jacquini *Koch.* *Id.* a.
— rostrata *Koch.* *Id.* p.
— petræa *Jord.* Dauphiné. p.
— brevifolia *Jord.* *Id.* p.
— verna *Bartl.* Arr^t de Grenoble. p.
— Villarsii *M.* et *K.* *Id.* p.
— striata *Gren.* *Id.* p.
— Bauhinorum *Gay.* *Id.* p.

Cherleria *L.*
— sedoides *L.* Arr^t de Grenoble. p.

Arenaria *L.*
— balearica *L.* Corse. p.
— montana *L.* France. p.
— biflora *L.* Arr^t de Grenoble. p.
— Marschlinsii *Koch.* France. a.
— serpillifolia *L.* Arr^t de Grenoble. a.
— leptoclados *Reich.* *Id.* a.
— gothica *Fries.* Suède. a.
— ciliata *L.* Arr^t de Grenoble. p.
— hispida *L.* France. p.
— controversa *Boiss.* *Id.* a. b.
— grandiflora *All.* Arr^t de Gren. p.
— tetraquetra *L.* France. p.

Malachium *Fries.*
— aquaticum *Fries.* Arr^t de Gren. p.

Cerastium *L.*
— trigynum *Vill.* Arr^t de Gren. p.
— perfoliatum *L.* Espagne. a.
— chlorœfolium *Fisch.* Natolie. a.
— dichotomum *L.* Espagne. a.
— vulgatum *L.* Arr^t de Grenoble. b.
— glutinosum *Fries.* *Id.* a.
— illyricum *Ard.* Corse. a.
— semidecandrum *L.* Arr^t de Gren. a.
— brachypetalum *Desp.* *Id.* a.
— viscosum *L.* *Id.* a.
— grandiflorum *W.* et *K.* Hongrie. p.

— tomentosum *L.* Grèce. p.
— repens *L.* France. p.
— Bieberstenii *DC.* Tauride. p.
— ovatum *Hopp.* Carinthie. p.

— latifolium *L.* Arr¹ de Grenoble. p.
— Boissieri *Gren.* France. p.
— arvense *L.* Arr¹ de Grenoble. p.
— pensylvanicum *Horn.* Pensylv. p.

ORDRE 23. — LINÉES.

LINUM *C. Bauh.*
— corymbiferum *Desf.* Algérie. a. b.
— maritimum *L.* Dauphiné. p.
— campanulatum *L.* France. p. l.
— trigynum *L.* Indes. l.
— Sibthorpianum *Marg.* et *Reut.*
   Grèce. p.
— nervosum *W.* et *K.* Hongrie. p.
— narbonense *L.* Dauphiné. p.
— usitatissimum *L.* France. a.
— angustifolium *Huds.* Ar¹ de Gren. p.
— ambiguum *Jord.* France. a.
— austriacum *L.* *Id.* b. p.

— austriacum var. *album.* b. p.
— Leoni *Schultz.* France. b.
— perenne *L.* Allemagne. b. p.
— Loreyi *Jord.* France. p.
— saxicola *Jord.* Dauphiné. p.
— provinciale *Jord.* France. p.
— alpinum *L.* Arr¹ de Grenoble. p.
— grandiflorum *Desf.* Algérie. a.
— tenuifolium *L.* Arr¹ de Grenoble. p.
— salsoloides *Lam.* *Id.* p.
— suffruticosum *L.* Algérie. p. l.
— catharticum *L.* Arr¹ de Grenoble. a.

ORDRE 24. — MALVACÉES.

MALOPE *L.*
— trifida *Cav,* Algérie. a.
— — var. *grandiflora.* a.

MALVA *L.*
— tricuspidata *Ait.* Jamaïque. b.
— gangetica *L.* Indes. a.
— ægyptia *L.* Espagne. a.
— alcea *L.* Arr. de Grenoble. p.
— fastigiata *Cav.* France. p.
— moschata *L.* Arr. de Grenoble. p.
— mauritiana *L.* Espagne. a.
— sylvestris *L.* Arr¹ de Grenoble. b.
— Beheriana *Hort.* a.
— borealis *Liljeb.* Allemagne. a.
— rotundifolia *L.* Arr. de Grenoble. a.
— Duriæi *Spach.* Algérie. a.
— nilgherrensis *Wight.* a.
— nicæensis *All.* France. a.
— parviflora *L.* *Id.* a.
— crispa *L.* Syrie. a.
— capensis *Cav.* Cap. l.
— asperrima *Jacq.* Cap. l.
— serrata *H. Par.* l.
— peruviana *L.* Pérou. a.

SPHÆRALCEA *St Hil.*
— umbellata *St Hil.* Nouv. Esp. l.

MODIOLA *Mœnch.*
— multifida *Mœnch.* Caroline. a. b.

KITAIBELIA *Willd.*
— vitifolia *Willd.* Hongrie. p.

ALTHÆA *Cav.*
— officinalis *L.* arr. de Grenoble. p.
— taurinensis *DC.* Piémont. p.
— narbonensis. *L.* France. p.
— armeniaca *Ten.* Arménie. p.
— hirsuta *L.* Arr¹ de Grenoble. a.
— cannabina *L.* Dauphiné. p.
— pallida *W.* et *K.* Hongrie. b.
— rosea *Cav.* Orient. b.
— ficifolia *Cav.* Sibérie. b.

LAVATERA *L.*
— trimestris *L.* France. a.
— hispida *Desf.* Algérie. l.
— olbia *L.* France. l.
— thuringiaca *L.* Allemagne. p.
— maritima *Gouan.* France. l.
— arborea *L.* *Id.* b.
— sylvestris *Brot.* Portugal. a.
— cachemiriana *Jacquem.* Asie c. b.

PAVONIA *Cav.*
— aristata *Cav.* Amérique mér. l.
— hastata *Cav.* Brésil. l.
— cuneifolia *Cav.* Cap. l.

MALVAVISCUS *Dill.*
— mollis *DC.* Mexique. l.
— pleurogonus *DC.* Méxique. l.

HIBISCUS *L.*
— liliiflorus *Cav.* île Bourbon. l.
— pedunculatus *Cav.* Cap. l.
— manihot *L.* Indes Oriental. l.

— manihot var. *palmatus Cav.* l.
— rugosus *Roxb.* Indes orientales. l.
— rosa-sinensis *L. Id.* l.
— — var *flor. pleno.*
— syriacus *L.* Syrie. l.
— cannabinus *L.* Indes orientales. a.
— esculentus *L.* Indes. a.
— moscheutos *L.* Amér. septen. p.
— palustris *L. Id.* p.
— militaris *Cav. Id.* p.
— speciosus *Ait.* Caroline. p.
— mutabilis *L.* Indes orientales. l.
— splendens *Lodd.* Nouv. Hollande. l.
— trionum *L.* Italie. a.
— vesicarius *Cav.* Afrique. a.

GOSSYPIUM *L.*
— herbaceum *L.* Orient. c.

ANODA *Cav.*
— cristata *Schlecht.* Mexique. a.
— triangularis *DC. Id.* a.

SIDA *Cav.*
— triloba *Cav.* Cap. l.
— napæa *Cav.* Virginie. p.

ABUTILON *Kunth.*
— arboreum *Don.* Pérou. l.
— vesicaria *Don.* Mexique. l.
— avicennæ *Gærtn.* France. a.
— molle *Sweet.* Pérou. l.
— Bedfordianum *Bot. Mag.* l.
— venosum *Paxt.* Brésil. l.
— striatum *Dicks. Id.* l.
— Regeli *Fenzl.* l.

LAGUNEA *Cav.*
— squamea *Vent.* ile Norfolk. l.

ORDRE 25. — **BOMBACÉES.**

PLAGIANTHUS *Forst.*
— divaricatus *Forst.* Nouv. Zélan. l.

CAROLINEA *L.*
— alba *Lodd.* Brésil. l.
— minor *Sims.* Mexique. l.

ORDRE 26. — **BYTTNERIACÉES.**

STERCULIA *L.*
— platanifolia *L.* Japon. l.

BYTTNERIA *Læfl.*
— hermanniæfolia *Gay.* Nouv. Holl. l.

THOMASIA *Gay.*
— solanacea *Gay.* Nouv.-Hollande l.
— dumosa *Cunningh. Id.* l.

HERMANNIA *L.*
— althæifolia *L.* Cap. l.
— nemorosa *Eckl.* et *Zeyh. Id.* l.

— micans *Schr.* et *Wendl.* Cap. l.
— venosa *Bartl. Id.* l.
— denudata *L. Id.* l.

PENTAPETES *Lt*
— phœnicea *L.* Indes orientales. a.

DOMBEYA *Cav.*
— Ameliæ *Guill.* Madagascar. l.

ASTRAPÆEA *Lindl.*
— Wallichii *Lindl.* Indes orient. l.

ORDRE 27. — **TILIACÉES.**

SPARMANNIA *Thunb.*
— africana *L.* Cap. l.

ENTELEA *R. Br.*
— arborescens *R. Br.* N.-Hollande. l.
— palmata *Lindl.* Cap. l.

CORCHORUS *L.*
— olitorius *L.* Amér. méridionale. a.

GREWIA *Juss.*
— orientalis *L.* Indes orientales. l.

TILIA *L.*
— microphylla *Vent.* Arr^t de Gren. l.
— rubra *DC.* Tauride. l.
— platyphylla *Scop.* Arr^t de Gren. l.
— — var. *vitifolia Hort.*
— — var. *laciniata Hort.*
— glabra *Vent.* Amérique septent.
— americana *L.* Canada. l.
— caroliniana *Mill.* Caroline. l.
— argentea *Desf.* Hongrie. l.
— mississipiensis *Desf.* Amér. sept. l.

ORDRE 28. — CAMELLIÉES.

CAMELLIA *L.*
— japonica *L.* Japon.   l.
— oleifera *Abel.*   l.

THEA *L.*
— viridis *L.* Chine.   l.

ORDRE 29. — AURANTIACÉES.

AGLAIA *Lour.*
— odorata *Lour.* Cochinchine.   l.

CITRUS *L.*
— limonum *Risso.* Asie.   l.

— aurantium *Risso. Id.*   l.
— vulgaris *Risso   Id.*   l.
— sinensis *Pers.   Id.*   l.
— hystrix *DC.* Indes.   l.

ORDRE 30. — HYPÉRICINÉES.

ANDROSÆMUM *All.*
— officinale *All.* Arrᵗ de Grenoble. l.
— pyramidale *Spach.* Amér. sept.   l.
— hircinum *Spach.* France.   l.

HYPERICUM *L.*
— canariense *L.* Iles Canaries.   l.
— pyramidatum *Ait.* Amér. sept.   p.
— ascyron *L.* Sibérie.   p.
— amplexicaule *Boiss.* Grèce.   p.
— Gebleri *C. A. M.* Monts Altaï.   p.
— Kalmianum *Lam.* Virginie.   l.
— calycinum *L.* Turquie.   p.
— balearicum *L.* Iles Baléares.   l.
— quadrangulum *L.* Arrᵗ de Gren.   p.
— tetrapterum *Fries.   Id.*   p.

— bœticum *Boiss.* Espagne.   p.
— atomarium *Boiss.* Lydie.   p.
— caprifolium *Boiss.* Espagne.   p.
— ægyptiacum *L.* Egypte.   l.
— humifusum *L.* Arrᵗ de Grenoble. a.
— perforatum *L.   Id.*   p.
— lineolatum *Jord.* Dauphiné.   p.
— hirsutum *L.* Arrᵗ de Grenoble.   p.
— glandulosum *Ait.* Iles Canaries. l.
— nummularium *L.* Arrᵗ de Gren.   p.
— ciliatum *Lam.* France.   p.
— montanum *L.* Arrᵗ de Grenob.   p.
— Richeri *Vill.   Id.*   p.
— androsœmifolium *Vill. Id.*   p.
— hyssopifolium *Vill.* Dauphiné.   p.
— decussatum *Kunze.* Espagne.   p.

ORDRE 31. — MALPIGHIACÉES.

BANISTERIA *H. B.* et *K.*
— ovata *Cav.* Saint-Domingue.   l.

ORDRE 32. — ACÉRINÉES.

ACER *Mœnch.*
— oblongum *Wall.* Népaul.   l.
— tataricum *L.* Tartarie.   l.
— striatum *Lam.* Amér. septent.   l.
— spicatum *Lam.* Canada.   l.
— pseudo-platanus *L.* Arrᵗ de Gren. l.
— — var. *variegata.*   l.
— macrophyllum *Pursh.* Am. sept. l.
— campestre *L.* Arrᵗ de Grenoble. l.
— opalus *Ait.* Italie.   l.
— opulifolium *Vill.* Arrᵗ de Gren.   l.
— neapolitanum *Ten.* Naples.   l.

— creticum *L.* Crète.   l.
— monspessulanum *L.* Arrᵗ de Gren. l.
— coriaceum *Lodd.* Amér. sept.   l.
— platanoides *L.* Arrᵗ de Grenoble. l.
— — var. *laciniatum.*
— saccharinum *L.* Amér. sept.   l.
— nigrum *Mich.   Id.*   l.
— eriocarpum *Mich.* N.-Angleterre. l.
— rubrum *L.* Canada.   l.

NEGUDO *Mœnch.*
— fraxinifolium *Nutt.* Amér. sept. l.

ORDRE 33. — HIPPOCASTANÉES.

ÆSCULUS *L.*
— hippocastanum *L.* Inde septent. l.
— — var. *spectabilis.*
— rubicunda *Herb. de l'am.* l.

PAVIA.
— macrostachya *DC.* Amér. sept. l.

— rubra *Lam.* Amér. sept. l.
— livida *Spach.* *Id.* l.
— pallida *Spach.* *Id.* l.
— discolor *Pursh.* *Id.* l.
— flava *DC.* *Id.* l.

ORDRE 34. — SAPINDACÉES.

CARDIOSPERMUM *L.*
— halicacabum *L.* Indes orientales. a.
— corindum *L.* Brésil. a.

KOELREUTERIA *Laxm.*
— paniculata *Laxm.* Chine. l.

DODONÆA.
— Cunninghami *H. Par.* N.-Holl. l.

ORDRE 35. — MÉLIACÉES.

MELIA *L.*
— azedarach *L.* Syrie. l.

— sempervirens *Swartz.* Jamaïque. l.
— arguta *DC.* Iles Moluques. l.

ORDRE 36. — AMPÉLIDÉES.

CISSUS *L.*
— hydrophora *H. Par.* Indes. l.
— antarctica *Vent.* Nouv.-Hollande. l.
— orientalis *Lam.* Orient. l.
— heterophylla *Sieb.* et *Zucc.* Japon. l.

AMPELOPSIS *Mich.*
— cordata *Mich.* Amér. septent. l.
— hederacea *Mich.* *Id.* l.

— hirsuta *Donn.* Amér. sept. l.
— bipinnata *Mich.* *Id.* l.

VITIS *L.*
— vinifera *L.* Asie méridion. l. (1).
— laciniosa *L.* *Id.* l.
— Isabella *Hort.* Plante hybride. l.
— vulpina *L.* Amér. septentrion. l.
— riparia *Mich.* *Id.* l.

ORDRE 37. — GÉRANIACÉES.

GERANIUM *L'Hér.*
— sanguineum *L.* Arr^t de Gren. p.
— anemonæfolium *L'Hér.* Madère. l.
— macrorhizon *L.* Italie. p.
— ibericum *Cav.* Ibérie. p.
— nodosum *L.* Arr^t de Grenoble. p.
— reflexum *L.* Italie. p.
— phœum *L.* Arr^t de Grenoble. p.
— eriostemon *Fisch.* Dahurie. p.
— sylvaticum *L.* Arr^t de Grenoble. p.
— pratense *L.* France. p.
— longipes *DC.* Dahurie. p.
— Richardsoni *F.* et *T.* Am. sept. p.
— collinum *Bieb.* Caucase. p.
— Endressi *Gay.* France. p.

— aconitifolium *L'Hér.* Ar^t de Gren. p.
— cristatum *Stev.* Ibérie. p.
— pyrenaicum *L.* Arr^t de Gren. p.
— molle *L.* *Id.* a.
— favosum *Hochst.* Abyssin e. a.
— pusillum *L.* Arr^t de Grenoble. a.
— rotundifolium *L.* *Id.* a.
— columbinum *L.* *Id.* a.
— dissectum *L.* *Id.* a.
— lucidum *L.* *Id.* a.
— virescens *Jord.* Dauphiné. a.
— Robertianum *L.* Arr^t de Gren. a.

(1) La liste des variétés de cette espèce cultivées
au jardin, se trouve à la fin de ce catalogue.

3

— semiglabrum *Jord.* France. a.
— simile *Jord.* Id. a.
— mediterraneum *Jord.* Id. a.
— modestum *Jord.* Id. a.
— minutiflorum *Jord.* Dauphiné. a.
— Lebeli *Boreau.* France. a.

ERODIUM *L'Hér.*
— chrysanthum *L'her.* Mt Parnasse. p.
— Manescavi *Boubani* France. p.
— sebaceum *Delile.* Id. ? b. p.
— carvifolium *Boiss.* Espagne. p.
— gruinum *Willd.* Id. a.
— althæoides *Jord.* France. a.
— malvaceum *Jord.* Id. a.
— subtrilobum *Jord.* Id. a.
— ciconium *Willd.* Dauphiné. a.
— triviale *Jord.* Arrᵗ de Grenoble. a.
— bicolor *Jord.* France. a.
— hirsutum *Jord.* Suisse. a.
— commixtum *Jord.* France. a.
— pallidiflorum *Jord.* Id. a.
— parviflorum *Jord.* Id. a.
— Boræanum *Jord.* Id. a.
— Lebeli *Jord.* Id. a.
— littorale *Jord.* Id. a.

— Ballii *Jord.* Irlande. a. b.
— arenarium *Jord.* France. a.
— pilosum *Thuil.* Id. a.
— tolosanum *Jord.* Id. b.
— fallax *Jord.* Id. a. b.
— Carioti *Jord.* Id. b.
— provinciale *Jord.* Id. b.
— mauritanicum *Coss.* Algérie. p.
— Reichardi *DC.* Ile Majorque. p.

PELARGONIUM *L'Hér.*
— tetragonum *L'her.* Cap. l.
— acetosum *Ait.* Id. l.
— zonale *Willd.* Id. l.
— inquinans *Ait.* Ile Ste-Hélène. l.
— grossularioides *Ait.* Cap. p.
— alchimilloides *Willd.* Id. p.
— hirtum. *Jacq.* Id. p.
— gibbosum *Willd.* Id. l.
— triste *Ait.* Id. p.
— peltatum *Ait.* Id. l.
— tomentosum *Jacq.* Id. l.
— papilionaceum *Ait.* Id. l.
— capitatum *Ait.* Id. l.
— radula *Ait.* Id. l.
— Endlicherianum *Fenzl.* Tauride. p.

ORDRE 38. — **TROPÉOLÉES.**

TROPÆOLUM *L.*
— minus *L.* Pérou. a.
— majus *L.* Id. a.

— aduncum *Smith.* Pérou. a.
— Lobbianum *Hook.* Amér. mér. l.
— tuberosum *R.* et *P.* Pérou. p.

ORDRE 39. — **BALSAMINÉES.**

BALSAMINA *Riv.*
— hortensis *Desp.* Indes orient. a.

IMPATIENS *Riv.*
— Roylei *Walp.* Mont Himalaya. a.
— fulva *Nutt.* Canada. a.

— noli-tangere *L.* Arrᵗ de Gren. a.
— parviflora *DC.* Sibérie. a.
— longicornis *Wall.* Indes orient. a.
— tricornis *Lindl.* Id. a.

ORDRE 40. — **LIMNANTHACÉES.**

LIMNANTHES *R. Br.*
— Douglasii *R. Br.* Amér. sept. a.

— alba *Kartw.* a.

ORDRE 41. — **OXALIDÉES.**

BIOPHYTUM *DC.*
— sensitivum *DC.* Indes orient. a.

OXALIS *L.*
— crenata *Jacq.* Pérou. p.

— europœa *Jord.* Arrᵗ de Gren. a. b.
— Navieri *Jord.* France. a. b.
— corniculata *L.* Id. p.
— rosea *Jacq.* Chili. a.
— macrostylis *Jacq.* Cap. p.

19

— hirta *Jacq.* Cap.   p.
— hirtella *Jacq.* *Id.*   p.
— multiflora *Jacq. Id.*   p.
— rubella *Jacq.* *Id.*   p.
— rosacea *Jacq.* *Id.*   p.
— incarnata *Jacq. Id.*   p.
— Bov;æi *Lindl.*   p.
— Deppei *Lodd.* Mexique.   p.
— cernua *Thunb.* Cap.   p.

— lybica *Viv.* France, Corse.   p.
— speciosa *L.*   Cap.   p.
— variabilis *Jacq.* *Id.*   p.
— purpurea *Willd.*   *Id.*   p.
— carnosa *Mol.* Chili.   l.
— acetosella *L.* Arr¹ de Grenoble. p.
— tenuifolia *Jacq.*.   Cap.   p.
— pentaphylla *Sims* *Id.*   p.
— flabellifolia *Jacq.*   *Id.*   p.

ORDRE 42 — ZYGOPHYLLÉES.

TRIBULUS *Tourn.*
— terrestris *L.* Dauphiné.   a.
— bicornutus *F.* et *M.* Caucase.   a.
FAGONIA *Tourn.*
— cretica *L.* Algérie.   a. b.
ZYGOPHYLLUM *L.*
— fabago *L.* Algérie.   p.

GUAIACUM *Plum.*
— sanctum *L.* Amér. mérid.   l.
PORLIERIA *R.* et *P.*
— hygrometrica *R.* et *P.* Pérou.   l.
MELIANTHUS *Tourn.*
— major *L.* Cap.   l.
— minor *L.* *Id.*   l.

ORDRE 43. — RUTACÉES.

RUTA *L.*
— pinnata *L.* Iles Canaries.   l.
— graveolens *L.* Arr¹ de Gren.   p. l.
— bracteosa *DC.* France.   p. l.
— angustifolia *Pers.* Dauphiné.   p. l.
PEGANUM *L.*
— harmala *L.* Algérie.   p.
DICTAMNUS *L.*
— fraxinella *Pers.* Arrt de Gren.   p.
—   — var. *alba.*

BAROSMA *Willd.*
— fœtidissima *B.* et *W.* Cap.   l.
DIOSMA *Berg.*
— ericoides *Thunb.* Cap.   l.
COLEONEMA *Bartl.* et *Wendl.*
— pulchella *Lindl.* Nouv.-Hollande. l.
CORREA *Smith.*
— alba *Andr.* Nouvelle-Hollande.   l.
ZANTHOXYLUM *H. B.* et *K.*
— fraxineum *Willd.* Amér. sept.   l.

ORDRE 44. — CORIARIÉES.

CORIARIA *L.*
— myrtifolia *L.* France.   l.

SOUS-CLASSE 2. — CALICIFLORES.

ORDRE 45. — STAPHYLÉACÉES.

STAPHYLEA *L.*
— trifoliata *L.* Amér. sept.   l.

— pinnata *L.* France.   l.

ORDRE 46. — CÉLASTRINÉES.

EVONYMUS *Tourn.*
— europœus *L.* Arr¹ de Grenoble.   l.
— verrucosus *L.* Autriche.   l.
— latifolius *L.* Arr¹ de Grenoble. l.

— nanus *Bieb.* Caucase.   l.
— atropurpureus *Jacq.* Am. sept.   l.
— americanus *L.*   *Id.*   l.
— Hamiltonianus *Wall.* Népaul.   l.

— angustifolius *Pursh.* G orgie. l.
— obovatus *Nutt.* Pensylvanie. l.
— japonicus *Thunb.* Japon. l.
— — var. *variegatus.*
— fimbriatus *Wall.* Indes orient. l.

CELASTRUS *L.*
— scandens *L.* Canada. l.

— edulis *Vahl.* Arabie. l.
— multiflorus *Lam.* Cap. l.
— pyracanthus *L.* *Id.* l.
— mollis *H.* Paris. l.

ELÆODENDRON *Jacq.*
— croceum *DC.* Cap. l.

ORDRE 47. — ILICINÉES.

ILEX *L.*
— aquifolium *L.* Arr₁ de Grenoble. l.
— — var. *ferox.*
— — var. *variegatum.*

PRINOS. *L.*
— lanceolatus *Pursh.* Géorgie. l.

NEMOPANTHES *Raf.*
— Andersonii *H.* Paris. l.

ORDRE 48. — RHAMNÉES.

ZIZIPHUS. *Tourn.*
— sinensis *Lam.* Chine. l.

PALIURUS *Tourn.*
— aculeatus *Lam.* Dauphiné. l.

RHAMNUS *Lam.*
— alaternus *L.* Arr₁ de Grenoble. l.
— Clusii *W.* Europe australe. l.
— hybridus *L'Hér.* l.
— catharticus *L.* Arr₁ de Grenoble. l.
— infectorius *L.* Dauphiné. l.
— tinctorius *W.* et *K.* Autriche. l.
— oleoides *L.* Sicile. l.
— crenulatus *Ait.* Ténériffe. l.
— erythroxylon *Pall.* Sibérie. l.
— pumilus *L.* Arr₁ de Grenoble. l.
— alpinus *L.* *Id.* l.

— alnifolius *L'Hér.* Amér. sept. l.
— — var. *franguloides.* *Id.* l.
— frangula *L.* Arr₁ de Grenoble. l.

CEANOTHUS. *L.*
— azureus *Desf.* Mexique. l.
— americanus *L.* Amér. sept. l.
— ovatus *Desf.* *Id.* l.
— Delilianus *Spach.* l.
— intermedius *Pursh.* Amér. sept. l.
— divaricatus *Nutt.* Californie. l.

POMADERRIS *Labill.*
— phylicifolia *Lodd.* N.-Hollande. l.

PHYLICA *L.*
— ericoides *L.* Cap. l.
— rosmarinifolia *Lam.* *Id.* l.
— paniculata *Willd.* *Id.* l.

ORDRE. 49. — HOMALINÉES.

ARISTOTELIA *L'Hér.*
— Maqui *L'Hér.* Chili. l.

ORDRE 50. — TÉRÉBINTHACÉES.

PISTACIA *L.*
— vera *L.* France. ? l.
— terebinthus *L.* Arr₁ de Gren. l.
— palestina *Boiss.* Palestine. l.
— atlantica *Desf.* Algérie. l.
— lentiscus *L.* France. l.

RHUS *L.*
— cotinus *L.* Arr₁ de Grenoble. l.
— coriaria *L.* France. l.

— typhina *L.* Amér. sept. l.
— copallina *L.* *Id.* l.
— radicans *L.* *Id.* l.
— suaveolens *Ait.* Caroline. l.
— aromatica *Ait.* *Id.* l.

DUVAUA *Kunth.*
— dependens *DC.* Chili. l.

SCHINUS *L.*
— molle *L.* Brésil. l.

PTELEA L.
— trifoliata L. Amér. sept.　　l.

CNEORUM L.
— tricoccum L. France.　　l.

BRUCEA Mill.
— antidysenterica Mill. Abyssinie. l.

AILANTHUS Desf.
— glandulosa Desf. Chine.　　l.

ORDRE 51. — **PAPILIONACÉES**.

STYPHNOLOBIUM Schott.
— japonicum Schott. Japon.　　l.

SAPHORA R. Br.
— tomentosa. L. Indes orient.　　l.
— secundiflora Lag. N.-Espagne.　　l.

EDWARDSIA Salisb.
— grandiflora Salisb. N.-Zélande　　l.

CLADRASTIS Raf.
— tinctoria Rafin. Amér. sept.　　l.

VIRGILIA Lam.
— aurea Lam. Abyssinie.　　l.

ANAGYRIS Tourn.
— fœtida L. France.　　l.

THERMOPSIS R. Br.
— fabacea DC. Kamtschatka.　　p.

BAPTISIA Vent.
— australis R. Brown. Caroline.　　p.
— — var. minor. Lehm.　　p.

CHORIZEMA Labill.
— spectabile Lindl. Nouv.-Holl.　　l.

CALLISTACHYS Vent.
— retusa Lodd. Nouv.-Hollande.　　l.

GOODIA Salisb.
— lotifolia Salisb. Iles Van Diémen. l.

CROTALARIA L.
— genistella H. B. et K. Am. mér. a. b.
— purpurea Vent. Cap.　　l.

ULEX L.
— europœus L. Dauphiné.　　l.
— strictus Bisch.　　l.

SPARTIUM DC.
— junceum L. Dauphiné.　　l.

RETAMA Boiss.
— monosperma Boiss. Espagne.　　l.
— Gussonii Webb. Sicile.　　l.

SAROTHAMNUS Wimm.
— vulgaris Wimm. Arrt de Gren.　　.
— purgans Gr. et God. France.　　..

GENISTA Lam.
— canariensis L. Iles Canaries.　　l.
— candicans L. France.　　l.
— linifolia L.　　Id.　　l.
— ferox Poir. Algérie.　　l.
— germanica L. Arrt de Grenoble. l.
— cinerea DC.　　Id.　　l.
— æthnensis DC. Mont Etlna.　　l.
— tinctoria L. Arrt de Grenoble.　　l.
— sibirica L. Sibérie.　　l.
— lasiocarpa Spach.　　l.
— sagittalis L. Arrt de Grenoble.　　l.
— Halleri Reyn. France.　　l.
— pilosa L. Arrt de Grenoble.　　l.

GONOCYTISUS Spach.
— angulatus Spach. Tauride.　　l.

CALYCOTOME Link.
— spinosa Link. France.　　l.

CYTISUS L.
— albus Link. Portugal.　　l.
— Laburnum L. Arrt de Grenoble. l.
— — var. quercifolium.　　l.
— Adami Hort. Plante hybride.　　l.
— alpinus Mill. Dauphiné.　　l.
— nigricans L. Suisse.　　l.
— sessilifolius L. Arrt de Gren.　　l.
— purpureus Scop. Autriche.　　l.
— — var. albus.　　l.
— ratisbonensis Schaeff. Allemagne. l.
— elongatus W. et K. France.　　l.
— austriacus L. Autriche.　　l.
— supinus L. Arrt de Grenoble.　　l.
— hirsutus L.　　Id.　　l.
— capitatus Jacq. France.　　l.

PODOCYTISUS Boiss. et Heldr.
— caramanicus Boiss. et Heldr.
　　Tauride.　　l.

ARGYROLOBIUM Eckl. et Zeyh.
— grandiflorum Boiss. et Reut. Alg. l.
— Linnæanum Walp. Arrt de Gren. l.

TRICHASMA Walp.
— calycinum Walp. Caucase.　　l.

ONONIS L.
— natrix L. Arrt de Grenoble.　　p.

— biflora *Desf.* Algérie.					a.
— ornithopodioides *L.* Corse.					a.
— rotundifolia *L.* Arr¹ de Gren.				p.
— fruticosa *L.*		*Id.*				l.
— cenisia *L.*		*Id.*				p.
— Cherleri *L.* Algérie.					a.
— Sieberi *Bess.* Sicile.					a.
— hircina *Jacq.* Suisse.				p. l.
— procurrens *Wallr.* Ar¹ de Gren.			p. l.
— campestris *K.* et *Z.* · *Id.*			p. l.
— antiquorum *L.* France.				p. l.
— alopecuroides *L.* *Id.*				a.
— Columnæ *All.* Arr¹ de Grenoble.			a.
— minutissima *L.*		*Id.*			p.

ANTHYLLIS *L.*
— Hermanniæ *L.* Corse.					l.
— sericea *Lag.* Algérie.					l.
— montana *L.* Arr¹ de Grenoble.			p.
— vulneraria *DC.*			*Id.*		p.
—	— var. *rubriflora DC. Id.*			p.

MEDICAGO *L.*
— secundiflora *Dur.* Algérie.				a.
— lupulina *L.* Arr¹ de Grenoble.			a.
— falcata *L.*			*Id.*			p.
— cancellata *Bieb.* Russie.				p.
— arborea *L.* Grèce.					l.
— media *Pers.* Arr¹ de Grenoble.			p.
— sativa *L.* Autriche.					p.
— corrugata *Durieu.* Algérie.				a.
— orbicularis *All.* France.				a.
— applanata *Willd.*					a.
— ambigua *Jord.* Arr¹ de Grenob.			a.
— scutellata *All.* Dauphiné.				a.
— rugosa *Desr.* Corse.					a.
— turbinata *Willd.* France.				a.
— tuberculata *Willd.* *Id.*				a.
— apiculata *Willd.* Arr¹ de Gren.			a.
— Duriæi *Spach.* Algérie.				a.
— terebellum *Willd.* France.				a.
— marina *L.*			*Id.*		p. l.
— tentaculata *Willd.* Europ. austr.			a.
— lappacea *Desr.* France.				a.
— pentacycla *DC.*		*Id.*			a.
— carstiensis *Jacq.* Autriche.			p.
— tribuloides *Desr.* France.				a.
— minima *Desr.* Arr¹ de Gren.			a.
— maculata *Willd.*	*Id.*				a.
— Timeroyi *Jord.* France.				a.
— depressa *Jord.*		*Id.*			a.
— germana *Jord.*		*Id.*			a.
— Morisiana *Jord.*	*Id.*				a.
— cinerascens *Jord.* Arr¹ de Gren.			a.
— sphœrocarpos *Berlot.* France.			a.
— granatensis *Willd.* Espagne.			a.
— ciliaris *Willd.* France.				a.

TRIGONELLA *L.*
— cœrulea *Ser.* Suisse.				a.

— calliceras *Fisch.* Ibéric.				a.
— gladiata *Stev.* France.				a.
— fœnum-grœcum *L. Id.*				a.
— monspeliaca *L.* Arr¹ de Gren.			a.
— pinnatifida *Cav.* Espagne.				a.
— polycerata *L.* France.				a.
— hybrida *Pourr.* *Id.*				p.
— corniculata *L.* *Id.*				a.

POCOCKIA *Ser.*
— cretica *Ser.* Ile de Crète.				a.

MELILOTUS *Juss.*
— alba *Desr.* Arr¹ de Grenoble.			b.
— altissima *Lois.* *Id.*				b.
— macrórrhiza *W.* et *K.* Hongrie.			b.
— virescens *Jord.* Arr¹ de Grenob.			b.
— ebrodunensis *Jord.* Dauphiné.			b.
— officinalis *L.* (selon *Fries*). Suède.		b.
— arvensis *Wallr.* Arr¹ de Gren.			b.
— ruthenica *Bieb.* Russie.				b.
— taurica *Ser.* Tauride.				b.
— parviflora *Desf.* France.				a.
— Tommasinii *Jord.* *Id.*				a.
— italica *L.*		*Id.*				a.
— neapolitana *Ten.* Arr¹ de Gren.			a.
— speciosa *Dur.* Algérie.				a.
— messanensis *Desf.* France.				a.
— sulcata *Desf.*		*Id.*			a.

TRIFOLIUM *Tourn.*
— angustifolium *L.* Dauphiné.				a.
— rubens *L.* Arr¹ de Grenoble.			p.
— incarnatum *L.* Dauphiné.				a.
— lagopus *Pourr.* France.				a.
— arvicolum *Jord.* Arr¹ de Gren.			a.
— agrestinum *Jord.* Dauphiné.			a.
— arenivagum *Jord.* *Id.*				a.
— littorale *Jord.* France.				a.
— sabuletorum *Jord.* Dauphiné.			a.
— gracile *Thuill.*		*Id.*		a.
— lagopinum *Jord.*	*Id.*			a.
— rubellum *Jord.*		*Id.*			a.
— striatum *L.* Arr¹ de Grenoble.			a.
— scabrum *L.*		*Id.*			a.
— maritimum *Huds.* France.				a.
— panormitanum *Presl.* *Id.*				a.
— alexandrinum *L.* Grèce.				a.
— ochroleucum *L.* Arr¹ de Gren.			p.
— pallidulum *Jord.* France.				p.
— pannonicum *L.* Piémont.				p.
— alpestre *L.* Arr¹ de Grenob.			p.
— medium *L.*		*Id.*			p.
— pratense *L.*		*Id.*			p.
— Cherleri *L.* Dauphiné.				p.
— clypeatum *L.* Grèce.					a.
— thymiflorum *Vill.* Arr¹ de Gren.			a.
— glomeratum *L.* France.				a.
— repens *L.* Arr¹ de Grenoble.			p.
— pallescens *Schreb.* *Id.*				p.

— anatolicum *Boiss*. Anatolie. p.
— Thalii *Vill*. Arr^t Grenoble. p.
— hybridum *L*. France. p.
— elegans *Savi*. *Id*. p.
— isthmocarpum *Brot*. Portugal. a. b.
— montanum *L*. Arr^t de Grenoble. p.
— spumosum *L*. France. a.
— fragiferum *L*. Arr^t de Grenoble. p.
— alpinum *L*. *Id*. p.
— badium *Schreb*. *Id*. p.
— spadiceum *L*. *Id*. a.
— aureum *Poll*. *Id*. a.
— agrarium *L*. *Id*. a.
— patens *Schreb*. France. a.
— procumbens *L*. Arr^t de Gren. a.
— filiforme *L*. *Id*. a.

DORYCNIUM *Tourn*.
— latifolium *Willd*. Turquie. p.
— riparium *Jord*. France. p.
— affine *Jord*. *Id*. p.
— decumbens *Jord*. *Id*. p.
— gracile *Jord*. *Id*. p.
— herbaceum *Vill*. Arr^t de Gren. p.
— collinum *Jord*. Dauphiné. (D. suffruticosum *Vill*. ex parte.) l.
— corsicum *Jord*. Corse. (*Id*.) l.

BONJEANIA *Reich*.
— italica *Jord*. Toscane. ..
— hirsuta *Reich*. Dauphiné l.
— recta *Reich*. *Id*. l.

LOTUS *L*.
— edulis *L*. France. a.
— ornithopodioides *L*. *Id*. a.
— peregrinus *L*. Portugal. a.
— creticus *L*. Corse. l.
— diffusus *Soland*. France. a. b.
— conimbricensis *Brot*. *Id*. a.
— filicaulis *Durieu*. Algérie. a
— corniculatus *L*. Arr^t de Grenoble. p.
— tenuis *Kit*. *Id*. p.
— uliginosus *Schkuhr*. *Id*. p.
— holosericeus *Webb*. Iles Canaries. l.

HOSACKIA *Dougl*.
— Purshiana *Hook*. Missouri. a.
— Wrangeliana *Torr*. et *Gray*. Californie. a.

TETRAGONOLOBUS *Scop*.
— purpureus *Mœnch*. France. a.
— biforus *Ser*. Sicile. a.
— Requieni *F*. et *M*. Italie. a.
— siliquosus *Roth*. Arr^t de Gren. p.

PSORALEA *L*.
— capitata *L*. *F*. Cap. l.
— plumosa *Reich*. France. l.

— bituminosa *L*. Dauphiné. l.
— glandulosa *L*. Chili. p. l.
— macrostachya *DC*. Amér. sept. l.

OTOTROPIS *Benth*.
— sambucensis *Nees*. Népaul. l.

INDIGOFERA *L*.
— amœna *Ait*. Cap. l.
— dosua *Hamilt*. Népaul. l.
— decora *Lindl*. Chine. l.
— australis *Willd*. Nouv.-Hollande. l.

DALEA *L*.
— alopecuroides *Nutt*. Amér. sept. a.

GLYCYRRHIZA *Tourn*.
— glabra *L*. Espagne p.
— glandulifera *W*. et *K*. Hongrie. p.
— echinata *L*. *Id*. p.

AMORPHA *L*.
— fruticosa *L*. Caroline l.
— elata *Hayn*. Amér. septent. l.
— Levisii *Lodd*. *Id*. l.
— glabra *Desf*. *Id*. l.
— croceo-lanata *Nutt*. *Id*. l.

ROBINIA *DC*.
— pseudacacia *L*. Amér. sept. l.
— — var. *sophoræfolia*. l.
— — var. *tortuosa*. l.
— — var. *umbraculifera*. l.
— viscosa *Vent*. Géorgie. l.
— hispida *L*. Virginie. l.

SESBANIA *Pers*.
— aculeata *Pers*. Malabar. a.

CARAGANA *Lam*.
— arborescens *Lam*. Sibérie. l.
— Chamlagu *Lam*. Chine. l.
— frutescens *DC*. Sibérie. l.
— grandiflora *DC*. Ibérie. l.
— spinosa *DC*. Sibérie. l.

HALIMODENDRON *Fisch*.
— argenteum *DC*. Ibérie. l.

CALOPHACA *Fisch*.
— wolgarica *Fisch*. Russie. l.

COLUTEA *R. Brown*.
— arborescens *L*. Arr^t de Grenoble. l.
— media *Willd*. l.

SWAINSONA *Salisb*.
— galegifolia *R. Brown*. N.-Holl. l.

SUTHERLANDIA *R. Brown*.
— frutescens *R. Brown*. Cap. b. l.

PHACA *L.*
— alpina *Jacq.* Arr¹ de Grenoble. p.
— australis *L.* 		Id. 	p.
— astragalina *DC.* 	Id. 	p.

OXYTROPIS *DC.*
— lapponica *Gaud.* Dauphiné. 	p.
— montana *DC.* Arr¹ de Grenoble. p.
— campestris *DC.* 	Id. 	p.
— pilosa *DC.* 	Id. 	p.

ASTRAGALUS *DC.*
— hypoglottis *L.* Dauphiné. 	p.
— purpureus *Lam.* Arr¹ de Gren. p.
— sulcatus *L.* Autriche. 	p.
— onobrychis *L.* Arr¹ de Gren. 	p.
— pentaglottis *L.* France. 	a.
— sesameus *L.* 	Id. 	a.
— cymbæcarpus *Brot.* Portugal. 	a.
— contortuplicatus *L.* Hongrie. 	a.
— hamosus *L.* Dauphiné. 	a.
— epiglottis *L.* France. 	a.
— bœticus *L.* Corse. 	a.
— edulis *Dur.* Algérie. 	a.
— glycyphyllos *L.* Arr¹ de Gren. p.
— depressus *L.* 	Id. 	p.
— cicer *L.* 	Id. 	p.
— ciceriformis *Bernh.* 	p.
— falcatus *Lam.* Sibérie. 	p.
— galegiformis *L.* Sibérie. 	p.
— maximus *Willd.* Arménie. 	p.
— alopecuroides *L.* Dauphiné. 	p.
— narbonensis *Gouan.* France. 	p.
— tragacantha *L.* France. 	l.
— aristatus *L'Hér.* Arr¹ de Gren. l.
— Gombo *Coss.* et *Dur.* Algérie. l.
— monspessulanus *L.* 	Id. 	p.
— chlorostachys *Lindl.* Népaul. 	p.
— · papposus *Fenzl.* Mont Taurus. p.

BISERRULA *L.*
. — pelecinus *L.* France. 	a.

SCORPIURUS *L.*
— sulcata *L.* Espagne. 	a.
— subvillosa *L.* France. 	a.
— vermiculata *L.* Id. 	a.

CORONILLA *Neck.*
— valentina *L.* Corse. 	l.
— pentaphylla *Desf.* Algérie. 	l.
— minima *L.* Arr¹ de Grenoble. p. l.
— vaginalis *Lam.* 	Id. 	p. l.
— coronata *L.* 	Id. 	p.
— lotoides *Koch.* France. 	p.
— iberica *Bieb.* Ibérie. 	p.
— varia *L.* Arr¹ de Grenoble. 	p.
— globosa *Lam.* Crète. 	p.
— scorpioides *Koch.* Arr¹ de Gren. a.

ORNITHOPUS *Desv.*
— compressus *L.* France. 	a.
— sativus *Brot.* 	Id. 	a.

HIPPOCREPIS *L.*
— comosa *L.* Arr¹ de Grenoble. 	p.
— multisiliquosa *L.* Espagne. 	a.
— Salzmanni *Boiss.* et *Reut.* Algér. a.
— ciliata *Willd.* Dauphiné. 	a.

BONAVERIA *Scop.*
— coronilla *Reich.* France. 	a.

AMICIA *H. B.* et *Kunth.*
— Zygomeris *DC.* Mexique. 	l.

ADESMIA *DC.*
— muricata *DC.* Patagonie. 	a.

DESMODIUM *DC.*
— triquetrum *DC.* Indes. 	l.
— canadense *DC.* Amér. sept. 	p.

HEDYSARUM *DC.*
— coronarium *L.* Espagne. 	p.
— spinosissimum *L.* Id. 	a.
— flexuosum *L.* Id. 	a.

ONOBRYCHIS *Tourn.*
— oronoma *Jord.* Dauphiné. p.
— aggericola *Jord.* Id. p.
— elisiogenes *Jord.* Id. p.
— obtusata *Jord.* Id. p.
— Tommasinii *Jord.* Istrie. p.
— collina *Jord.* Arr¹ de Gren. p.
— supina *DC.* Dauphiné. 	p.
— argentea *Boiss.* Espagne. 	p.
— alba *Desv.* Naples. 	p.
— saxatilis *All.* Dauphiné. 	p.
— eriophora *Desv.* Espagne. 	p.
— affinis *Verlot.* Italie. 	a.
— caput-galli *Lam.* France. 	a.
— crista-galli *Lam.* Id. 	a.

O. montana et sa- | tiva des auteurs, | en partie.

LESPEDEZA *Mich.*
— polystachya *Mich.* Pensylvanie. p.

CICER *Tourn.*
— arietinum *L.* Piémont. 	a.
— rotundum *Jord.* 	a.

FABA *Tourn.*
— vulgaris *Mænch.* Egypte. 	a.
— — var. *minor.* 	a.

VICIA *Tourn.*
— dumetorum *L.* Arr¹ de Gren. 	p.
— picta *F.* et *M.* Arménie. 	a. b.
—. sylvatica *L.* Arr¹ de Grenoble. 	p.
— Boissieri *Boiss.* et *Heldr.* Orient. p.
— · Candolleana *Ten.* Italie. 	p.

— gallo-provincialis *Poir*. France. p.
— incana *Vill*. Arr^t de Grenoble. p.
— cracca *L*.   *Id*.   p.
— tenuifolia *Roth*   *Id*.   p.
— polyphylla *Desf*. Algérie.   a. b.
— villosa *Roth*. France.   b. p.
— varia *Host*. Arr^t de Grenoble. a.
— pseudo-cracca *Bertol*. Corse. a.
— vulcanica *Huet*. Sicile.   a. b.
— onobrychioides *L*. Dauphiné. a. b.
— atropurpurea *Desf*. Algérie. a.
— benghalensis *L*. France. a.
— calcarata *Desf*.   *Id*.   a.
— disperma *DC*.   *Id*.   a.
— sativa *L*. Arr^t de Grenoble. a.
— macrocarpa *Bertol*. France. a.
— cordata *Wulf*. France. a.
— segetalis *Thuill*. Arr^t de Gren. a.
— nebrodensis *Huet*. Sicile. a.
— Bobartii *Forst*. Arr^t de Gren. a.
— canadensis *Zuccag*. Canada. a.
— peregrina *L*. Arr^t de Grenoble. a.
— tenuissima *Link*. Italie. a.
— Michauxii *Spreng*. Patr. ignorée. a.
— amphicarpa *Dorth*. France. a.
— lutea *L*. Dauphiné. a.
— hirta *Balb*.   *Id*.   a.
— bœtica *Fisch*. a.
— hybrida *L*. Dauphiné. a.
— grandiflora *Scop*. Dalmatie. a.
— sepium *L*. Arr^t de Grenoble. p.
— bithynica *L*. France. a.
— pannonica *Jacq*. *Id*. a.
— hyrcanica *F*. et *M*. Perse. a.
— narbonensis *L*. France. a.

ERVUM *L*.
— Lens *L*. Italie. a.
— nigricans *Bieb*. France. a.
— lenticula *Schreb*. Espagne. a.
— hirsutum *L*. Arr^t de Grenoble. a.
— Ervilia *L*.   *Id*.   a.
— monanthos *L*. Dauphiné. a.
— agrigentinum *Guss*. Sicile. a.
— tetraspermum *L*. Arr^t de Gren a.
— gracile *DC*.   *Id*.   a.

PISUM *Tourn*.
— sativum *L*. Grèce. a.
— elatius *Stev*. France. a.
— arvense *L*. Norvège. a.
— Jomardi *Schrank*. Egypte. a.

LATHYRUS *L*.
— sylvestris *L*. Arr^t de Grenoble. p.
— pyrenaicus *Jord*. France. p.
— platyphyllus *Retz*. *Id*. p.
— Langii *Kostel*. Hongrie. p.
— ensifolius *Badaro*. France. p.
— californicus *B*. *Reg*. Californie. p.

— latifolius *L*. Arr. de Grenoble. p.
— rotundifolius *Willd*. Tauride. p.
— heterophyllus *L*. Arr^t de Gren. p.
— cirrhosus *Ser*. France. p.
— pratensis *L*. Arr^t de Grenoble. p.
— tuberosus *L*.   *Id*.   p.
— aphaca *L*. Arr^t de Grenoble. a.
— pseudoaphaca *Boiss*. Orient. a.
— nissolia *L*. Arr^t de Grenoble. a.
— inconspicuus *L*. France. a.
— sphœricus *Retz*. Arr^t de Gren. a.
— sativus *L*. Espagne. a.
— cicera *L*. France. a.
— annuus *L*. Dauphiné. a.
— hirsutus *L*. Arr^t de Grenoble. a.
— odoratus *L*. Sicile. a.
— grandiflorus *Sibth*. et *Sm*. *Id*. a. b.
— tingitanus *L*. Algérie. a.
— clymenum *L*.   *Id*.   a.
— articulatus *L*.   *Id*.   a.
— ochrus *DC*.   *Id*.   a.

OROBUS *Tourn*.
— lathyroides *L*. Sibérie. p.
— vernus *L*. Arr^t de Grenoble. p.
— variegatus *Ten*. Corse. p.
— vicioides *DC*. Autriche. p.
— luteus *L*. Arr^t de Grenoble. p.
— aureus *Stev*. Tauride. p.
— sylvaticus *L*. Angleterre. p.
— niger *L*. Arr^t de Grenoble. p.
— tuberosus *L*.   *Id*.   p.
— atropurpureus *Desf*. Algérie. a.
— saxatilis *Vent*. France. a.

ABRUS *L*.
— precatorius *L*. Indes. l.

AMPHICARPÆA *DC*.
— monoica. *Ell*. et *Nutt*. Caroline. p.

KENNEDYA *Vent*.
— rubicunda *Vent*. Nouv.-Hollande. l.
— Marryattæ *Lindl*.   *Id*.   l.

ZICHYA *Hugel*.
— coccinea *Benth*. Nouv.-Hollande. l.

HARDENBERGIA *Benth*.
— monophylla *Benth*. N.-Hollande. l.

LEPTOCYAMUS *Benth*.
— clandestinus *Benth*. N.-Hollande. l.

WISTERIA *Nutt*.
— frutescens *DC*. Virginie. l.
— chinensis *DC*. Chine. l.
— — var. *alba*. l.

APIOS *Boerh*.
— tuberosa *Mœnch*. Caroline. p.

4

PHASEOLUS L.
— multiflorus *Willd.* Amér. mérid. a.
— vulgaris *Savi.* Indes orientales. a.
— compressus *DC.* Patrie ignorée. a.
— tumidus *Savi.* Id. a.
— sphœricus *Savi.* Id. a.
— Hernandesii *Savi.* Mexique. a.
— humifusus *Savi.* a. b.

SOJA *Mœnch.*
— hispida *Mœnch.* Indes orient. a.

DOLICHOS.
— lignosus *L.* Indes orientales. l.
— unguiculatus *Jacq.* Amér. mérid. a.
— sesquipedalis *L.* Id. a.

VIGNA *Savi.*
— villosa *Savi.* Chili. a.

LABLAB *Adans.*
— vulgaris *Savi.* Indes orientales. a.

— vulgaris. var. *albiflorus.* a.
— nankinicus *Savi.* Chine. a,

DIOCLEA *DC.*
— glycinoides *DC.* Nouv.-Espagne. l.

CAJANUS *DC.*
— flavus *DC.* Indes orientales. l.

LUPINUS *Tourn.*
— albus *L.* Italie. a.
— ternis *Forsk.* France. a.
— varius *L.* Espagne. a.
— Cosentini *Guss.* Sicile. a.
— mutabilis *Sweet.* Colombie. a.
— venustus *H. Berol.* a.
— polyphyllus *Dougl.* Amér. sept. p.
— grandifolius *Lindl.* Id. p.

ERYTHRINA *L.*
— speciosa *Andr.* Indes occident. l.
— crista-galli *L.* Brésil. l.

ORDRE 52. — **MIMOSÉES.**

MIMOSA *Adans.*
— pudica *L.* Brésil. a.

DESMANTHUS *Willd.*
— strictus *Bertol.* Indes occident. l.

LEUCÆNA *Benth.*
— glauca *Benth.* Amér. mérid. l.

ACACIA *Neck.*
— alata *R. Brown.* N.-Hollande. l.
— paradoxa *DC.* Id. l.
— stricta *Willd.* Id. l.
— dentifera *Benth.* Id. l.
— pendula *Al. Cunningh.* Id. l.

— floribunda *Willd.* Nouv.-Holl. l.
— subcœrulea *Lindl.* Australie. l.
— longifolia *Willd.* Id. l.
— laxiflora *DC.* Ile de Timor. l.
— arabica *Willd.* Sénégambie. l.
— Farnesiana *Willd.* St-Domingue. l.
— acanthocarpa *Willd.* N.-Espagne. l.
— cultriformis. *Al. Cunnh.* N.-Hol. l.

ALBIZZIA *Durazz.*
— Julibrisin *Benth.* Orient. l.
— lophantha *Benth.* Nouv.-Holl. l.

CALLIANDRA *Benth.*
— portoricensis *Benth.* Porto-Rico. l.

ORDRE 53. — **CÉSALPINIÉES.**

ARACHIS *L.*
— hypogœa *L.* Amér. mérid. a.

GLEDITSCHIA *L.*
— triacanthos *L.* Virginie. l.
— — var. *inermis.* l.
— sinensis *Lam.* Chine. l.
— macracantha *Desf.* Patrie ignor. l.
— ferox *Desf.* Id. l.
— caspica *Desf.* Russie. l.
— microphylla *Hort.* l.

GYMNOCLADUS *Lam.*
— canadensis *Lam.* Canada. l.

CÆSALPINIA *Plum.*
— Sappan *L.* Indes orientales. l.

— coriaria *Willd.* Saint-Domingue. l.

POINCIANA *L.*
— Gilliesii *Hook.* Buénos-Ayres. l.

CERATONIA *L.*
— siliqua *L.* France. l.

CASSIA *L.*
— corymbosa *Lam.* Buénos-Ayres. l.
— lævigata *Willd.* Nouv.Espagne. l.
— tomentosa *Lam.* Amér. mérid. l.
— marylandica *L.* Amér. sept. p.
— absus *L.* Egypte. a.

SCHOTTIA *Jacq.*
— speciosa *Jacq.* Cap. l.

BAUHINIA *Plum.*
— aculeata *L.* Amér. méridionale. l.

CERCIS *L.*
— siliquastrum *L.* France. l.
— canadensis *L.* Canada. l.

ORDRE 54. — **AMYGDALÉES.**

AMYGDALUS *Tourn.*
— nana *L.* Autriche. l.
— georgica *Desf.* Géorgie. l.
— communis *L.* Sicile. l.
— — var. *fol. variegata.* l.

PERSICA *Tourn.*
— vulgaris *Mill.* Perse. l. (1)
— lævis *DC.* Patrie ignorée. l.

ARMENIACA *Tourn.*
— vulgaris *Lam.* Arménie. l.
— dasycarpa *Pers.* Patrie ignorée. l.
— brigantiaca *Pers.* Dauphiné. l.

PRUNUS *Tourn.*
— spinosa *L.* Arr^t de Grenoble. l.
— cocomilia *Ten.* Calabre. l.
— domestica *L.* Italie. l.
— cerasifera *Ehrh.* Amér. sept. l.

CERASUS *Juss.*
— avium *Mœnch.* Arr^t de Gren. l.
— duracina *DC.* Patrie ignorée. l.
— juliana *DC.* *Id.* l.
— caproniana *DC.* *Id.* l.
— semperflorens *DC.* *Id.* l.
— chamæcerasus *Jacq.* Allemagne. l.
— persicifolia *Lois.* Amér. sept. ? l.
— depressa *Pursh.* Canada. l.
— incana *Spach.* Caucase. l.
— japonica *Lois.* Japon. l.
— Mahaleb *L.* Arr^t de Grenoble. l.
— padus *DC.* *Id.* l.
— virginiana *Mich.* Virginie. l.
— serotina *Lois.* Amér. sept. l.
— lusitanica *Lois.* Portugal. l.
— laurocerasus *Lois.* Grèce. l.
— caroliniana *Mich.* Caroline. l.

ORDRE 55. — **ROSACÉES.**

KERRIA *DC.*
— japonica *DC.* Japon. l.

SPIRÆA *L.*
— opulifolia *L.* Canada. l.
— ulmifolia *Scop.* Carinthie. l.
— flexuosa *Fisch.* Patrie ignorée. l.
— bella *Sims.* Népaul. l.
— chamædrifolia *L.* Hongrie. l.
— oblongifolia *W.* et *K.* *Id.* l.
— obovata *W.* et *K.* *Id.* l.
— decumbens *Koch.* Dalmatie. l.
— cana *W.* et *Kit.* Croatie. l.
— hypericifolia *L.* France. l.
— canescens *Don.* Népaul. l.
— acutifolia *Willd.* Amér. sept. l.
— laxiflora *Lindl.* Indes orientales. l.
— corymbosa *Rafin.* Virginie. l.
— lævigata *L.* Sibérie. l.
— Douglasii *Hook.* Amér. sept. l.
— salicifolia *L.* Angleterre. l.
— paniculata *Ait.* l.
— carpinifolia *Willd.* Allemag. sept. l.
— tomentosa *L.* Canada. l.

— Fortunei *Planch.* Chine. l.
— sorbifolia *L.* Sibérie. l.
— Lindleyana *Wall.* Himalaya. l.
— Reevesiana *Lindl.* Chine. l.
— ulmaria *L.* Arr^t de Gren. p.
— — var. *multiplex.* p.
— lobata *Murr.* Amér. sept. p.
— filipendula *L.* Arr^t de Grenoble. p.
— — var. *multiplex.* p.

GILLENIA *Mœnch.*
— trifoliata *Mœnch.* Amér. sept. p.

NEILLIA *Don.*
— thyrsiflora *Don.* Népaul. l.

NEURADA *B. Juss.*
— procumbens *L.* Algérie. a.

DRYAS *L.*
— octopetala *L.* Arr^t de Gren. p. l.

GEUM *L.*
— strictum *Ait.* Amér. sept. p.
— virginianum *L.* Virginie. p.
— album *Gmel.* Canada. p.
— rubrifolium *Lejeune.* Belgique. p.
— urbanum *L.* Arr^t de Grenoble. p.
— intermedium *Ehrh.* France. p.

(1) Voir, pour les variétés fruitières des genres *Persica, Armeniaca, Prunus et Cerasus,* la liste des arbres cultivés au jardin fruitier annexe du jardin botanique, liste placée à la fin de ce catalogue.

— coccineum *Sibth*. et *Sm*. Turq. p.
— chiloense *Balb*. Chiloé. p.
— ranunculoides *Ser*. Patrie ignor. p.
— rivale *L*. Arr\u1d57 de Grenoble. p.
— nutans *Lam*. France. p.
— pyrenaicum *Ram*. *Id*. p.
— brachypetalum *Ser*. Patrie ign. p.
— Guilleminii *Spach*. ? p.
— reptans *L*. Arr\u1d57 de Grenoble. p.
— montanum *L*. *Id*. p.

WALDSTEINIA *Willd*.
— geoides *Willd*. Hongrie. p.

RUBUS *L*.
— rosæfolius *Smith*. Ile Maurice. l.
— occidentalis *L*. Canada. l.
— idæus *L*. Arr\u1d57 de Grenoble. l.
— laciniatus *Willd*. Patrie ignorée. l.
— cæsius *L*. Arr\u1d57 de Grenoble. l.
— nemorosus *Hayne*. *Id*. l.
— vestitus *Weih*. et *Nees*. *Id*. l.
— glandulosus *Bell*. *Id*. l.
— tomentosus *Borckh*. *Id*. l.
— collinus *DC*. *Id*. l.
— discolor *Weih*. et *Nees*. *Id*. l.
— carpinifolius *Weih*. et *Nees*. *Id*. l.
— parvifolius *L*. Chine. l.
— saxatilis *L*. Arr\u1d57 de Grenoble. p.
— odoratus *L*. Amér. septent. l.
— Nutkanus *Moc*. *Id*. l.

FRAGARIA *Tourn*.
— vesca *L*. Arr\u1d57 de Grenoble. p.
— — var. *efflagellis*. p.
— Hagenbachiana *Lang*. France. p.
— sylvulicola *Jord*. *Id*. p.
— magna *Thuill*. *Id*. p.
— viridis *Duch*. Patrie ignorée. p.
— grandiflora *Ehrh*. *Id*. p.
— virginiana *Ehrh*. Virginie. p.
— indica *Andr*. Népaul. p.

COMARUM *L*.
— palustre *L*. Arr\u1d57 de Grenob. p. l.

POTENTILLA *L*.
— nivea *L*. Dauphiné. p.
— nevadensis *Boiss*. Espagne. p.
— grandiflora *L*. Arr\u1d57 de Gren. p.
— norvegica *L*. Allemagne. b.
— kurdica *Boiss*. et *Hohen*. Orient. p.
— tormentilla *Nestl*. Arr\u1d57 de Gren. p.
— procumbens *Sibth*. et *Sm*. Franc. p.
— reptans *L*. Arr\u1d57 de Grenoble. p.
— vestita *Jord*. Dauphiné. p.
— cinerea *Chaix*. *Id*. p.
— vivariensis *Jord*. *Id*. p.

— syenitea *Jord*. France. p.
— erodora *Jord*. *Id*. p.
— xerophila *Jord*. Arr\u1d57 de Gren. p.
— vernalis *Jord*. *Id*. p.
— properiflora *Jord*. France p.
— rubescens *Jord*. Dauphiné. p.
— opacata *Jord*. *Id*. p.
— polytricha *Jord*. France. p.
— campicola *Jord*. *Id*. p.
— coryphea *Jord*. Dauph. p.
— lepida *Jord*. *Id*. p.
— oreites *Jord*. *Id*. p.
— alpigava *Jord*. *Id*. p.
— Verloti *Jord*. Arr\u1d57 de Gren. p.
— lævigata *Jord*. p.

P. alpestris des auteurs, en partie. — P. opaca et verna des auteurs, en partie.

— aurea *L*. Arr\u1d57 de Grenoble. p.
— Guntheri *Pohl*. Allemagne. p.
— collina *Wibel*. France. p.
— decipiens *Jord*. *Id*. p.
— reclinis *Jord*. *Id*. p.
— subrecta *Jord*. *Id*. p.
— decumbens *Jord*. *Id*. p.
— tenuiloba *Jord*. *Id*. p.
— confinis. *Jord*. *Id*. p.
— argentata *Jord*. A\u1d57 de Gr. p.
— demissa *Jord*. France. p.
— cana *Jord*. Dauphiné. p.
— inclinata *Vill*. *Id*. p.

P. argentea des auteurs en partie.

— jurana *Reut*. Suisse. p.
— Grenieriana *Jord*. Dauph. p.
— autaretica *Jord*. *Id*. p.
— gentilis *Jord*. *Id*. p.
— medioxima *Jord*. *Id*. p.
— helvetica *Jord*. Suisse. p.
— Mathoneti *Jord*. Dauph. p.
— delphinensis *Gr*. et *Godr*. *Id*. p.
— thuringiaca *Bernh*. Allemagne. p.
— stricta *Jord*. Dauphiné. p.
— villifera *Jord*. Patrie ignorée. p.
— erythrocaulon *Jord*. *Id*. p.
— australis *Jord*. France. p.
— valdepubens *Jord*. *Id*. p.
— astracanica *Jacq*. Russie. p.
— recta *L*. Dauphiné. p.
— Mackayana *Sweet*. Plant. hybride. p.
— apricarum *Jord*. France. p.
— similata *Jord*. *Id*. p.
— divaricata *DC*. *Id*. p.
— Detommasii *Ten*. Italie. p.
— Kotschyana *Fenzl*. Mont Taurus. p.
— atrosanguinea *Lodd*. Népaul. p.
— — var. *Fintelmanni*. p.
— nepalensis *Hook*. Népaul. p.
— — var. *Hopwordiana*. p.
— insignis *Royle*. Tartarie chinoise. p.
— fruticosa *L*. France. l.
— floribunda *Pursh*. Dahurie. l.
— bifurca *L*. Ibérie. p. l.

P. intermedia des auteurs en partie.

— supina *L.* France. a.
— multifida *L.* Dauphiné. p.
— anserina *L.* Arr¹ de Grenoble. p.
— stolonifera *Lehm.* Amér. sept. p.
— rupestris *L.* Arr¹ de Grenoble. p.
— alba *L.* *Id.* p.
— nitida *L.* *Id.* p.
— micrantha *Ram.* *Id.* p.
— fragaria *Poir.* *Id.* p.

SIBBALDIA *L.*
— cuneata *Engelm.* Himalaya. p.
— procumbens *L.* Arr¹ de Gren. p.

AGRIMONIA *Tourn.*
— eupatoria *L.* Arr¹ de Grenoble. p.
— leucantha *Kunze.* p.
— odorata *Camer.* France. p.
— pilosa *Ledeb.* Russie. p.
— repens *L.* Transylvanie. p.

AREMONIA *Neck.*
— agrimonioides *DC.* Italie. p.

ALCHEMILLA *Scop.*
— vulgaris *L.* Arr¹ de Grenoble. p.
— montana *Willd.* *Id.* p.
— pubescens *Bieb.* Autriche. p.
— pyrenaica *L. Duf.* Arr¹ de Gren. p.
— alpina *L.* *Id.* p.
— pentaphylla *L.* *Id.* p.
— arvensis *Scop.* *Id.* a.

MARGYRICARPUS *R. et Pav.*
— setosus *R.* et *P.* Brésil. l.

SANGUISORBA *L.*
— montana *Jord.* Dauphiné. p.
— serotina *Jord.* Arr¹. de Gren. p.
— mauritanica *Desf.* Algérie. p.
— tenuifolia *Fisch.* Dahurie. p.
— media *L.* Canada. p.
— dodecandra *Moretti.* Lombardie. p.
— canadensis *L.* Canada. p.

POTERIUM *L.*
— spinosum *L.* Italie. l.
— verrucosum *Ehrenb.* M¹ Sinaï. b. ɔ.
— eriocarpum *Ten.* Italie. b. ɔ.
— microphyllum *Jord.* France. b. p.
— Magnolii *Spach.* *Id.* b. p.
— Delortii *Jord.* *Id.* b. p.
— obscurum *Jord.* Dauphiné. b. p.
— muricatum *Spach.* Arr¹ de Gren. b. p.

— Duriœi *Spach.* Algérie. b. p.
— dictyocarpum *Spach.* A¹ de Gr. b. p.
— lateriflorum *Coss.* Espagne. b. p.

ROSA *Tourn.*
— arvensis *Huds.* Arr¹ de Grenoble. l.
— multiflora *Thunb.* Japon. l.
— — var. *carnea Red.* et *Thor.* l.
— — var. *platyphylla Red.* et *Thor.* l.
— indica *L.* Chine. l.
— — var. *vulgaris Ser.* l. (1).
— — var. *Noisettiana Ser.* l.
— — var. *fragrans Red.* et *Thor.* l.
— — var. *humilis Ser.* l.
— Banksiæ *R. Brown.* Chine. l.
— bracteata *Wendl.* *Id.* l.
— microphylla *Roxb.* *Id.* l.
— lucida *Ehrh.* Amér. sept. l.
— rapa *Bosc.* *Id* l.
— turbinata *Ait.* *Id.* l.
— gallica *L.* France. l.
— Woodsii *Lindl.* Amér. sept. l.
— cinnamomea *L.* France. l.
— kamtschatica *Vent.* Kamtschatka. l.
— eglanteria *L.* Patrie ignorée.
— — var. *lutea Red.* et *Thor.* l.
— — var. *punicea Red.* et *Thor.* l.
— sulphurea *Ait.* Orient ? l.
— pimpinellifolia *L.* Arr¹ de Gren. l.
— acicularis *Lindl.* Sibérie. l.
— alpina *L.* Arr¹ de Grenoble. l.
— rubrifolia *Vill.* *Id.* l.
— canina *L.* *Id.* l.
— dumetorum *Thuill.* *Id.* l.
— — var. *platyphylla Rau.* *Id.* l.
— andegavensis *Bast.* *Id.* l.
— psilophylla *Rau.* France. l.
— collina *Jacq.* *Id.* l.
— tomentella *Leman.* Arr¹ de Gren. l.
— nemorosa *Libert.* France. l.
— rubiginosa. *L.* Arr¹ de Grenoble. l.
— tomentosa *Smith.* *Id.* l.
— pomifera *Herm.* *Id.* l.
— centifolia *L.* Patrie ignorée. l.
— — var. *muscosa Ser.* l.
— — var. *minor Dum-Cours.* l.
— — var. *pomponia Lindl.* l.
— damascena *Mill.* Syrie. l.
— alba *L.* France. l.

ORDRE 56. — **POMACÉES.**

CRATÆGUS *Lindl.*
— pyracantha *Pers.* France. l.
— Celsiana *Dum-Cours.* Orient. l.
— crus-galli. *L.* Amér. sept. l
— pyracanthifolia *Ait.* *Id.* l
— salicifolia *Ait.* *Id.* l.

— linearis *Desf.* Amér. sept. l.
— latifolia *Pers.* *Id.* l.

(1) 200 variétés jardinières environ de rosiers, appartenant aux espèces R. *indica, centifolia, damascena* et *alba*, sont cultivées au jardin botanique.

— pyrifolia *Ait.* Amér. sept. l.
— flabellata *Bosc.* *Id.* l.
— coccinea *L.* *Id.* l.
— cordata *Mill.* *Id.* l.
— nigra *W.* et *K.* Hongrie. l.
— oxyacantha *L.* Arr.^t de Gren. l.
— monogyna *Jacq.* *Id.* l.
—   — var. *fl. pleno carneo.* l.
—   — var. *fl. roseo simplex.* l.
— Oliveriana *Bosc.* Orient. l.
— azarolus *L.* France. l.
— aronia *Bosc.* Orient. l.
— tanacetifolia *Pers.* Turquie. l.

RAPHIOLEPIS *Lindl.*
— salicifolia *Lindl.* Chine. l.

PHOTINIA *Lindl.*
— serrulata *Lindl.* Japon. l.

ERIOBOTRYA *Lindl.*
— japonica *Lindl.* Japon. l.

COTONEASTER *Lindl.*
— frigida *Lindl.* Népaul. l.
— affinis *Lindl.* *Id.* l.
— Fontanesii *Spach.* Patrie ignorée. l.
— laxiflora *Jacq.* Sibérie. l.
— tomentosa *Lindl.* Arr.^t de Gren. l.
— vulgaris *Lindl.* *Id.* l.
— nummularia *F.* et *M.* Caucase. l.
— acuminata *Lindl.* Népaul. l.
— rotundifolia *Lindl.* *Id.* l.
— buxifolia *Wall.* *Id.* l.
— microphylla *Lindl.* *Id.* l.
—   — var. *thymifolia.* l.

AMELANCHIER *Medik.*
— vulgaris *Mœnch.* Arr.^t de Gren. l.
— botryapium *DC.* Canada. l.

MESPILUS *Lindl.*
— germanica *L.* Arr.^t de Grenoble. l.
— Smithii *DC.* Patrie ignorée. l.

PYRUS *Tourn.*
— communis *L.* Arr.^t de Gren. l. (1).
—   — var. *pyraster Wallr.* *Id.* l.

— Bollwilleriana *DC.* France, l.
— salvifolia *DC.* *Id.* l.
— amygdaliformis *Vill.* Dauphiné. l.
— salicifolia *L.* Sibérie. l.
— elæagnifolia *Pall.* *Id.* l.
— sinaica *Thouin.* Mont Sinaï. l.
— nivalis *L.* Autriche. l.
— Michauxii *Bosc.* Amér. sept. l.

MALUS *Tourn.*
— acerba *Mérat.* Arr.^t de Grenoble. l.
— communis *DC.* *Id.* l.
— paradisiaca *Spach.* Russie. l.
— Fontanesiana *Spach.* Sibérie. l.
— spectabilis *Desf.* Chine. l.
— hybrida *Desf.* Sibérie ? l.
— cerasifera *Spach.* *Id.* ? l.
— sempervirens *Desf.* Caroline. l.
— coronaria *Mill.* *Id.* l.

SORBUS *L.*
— aria *Crantz.* Arr.^t de Grenoble. l.
—   — var. *longifolia.* l.
—   — var. *rotundifolia.* l.
— nepalensis *C. Koch.* Népaul. l.
— polonica *Hort.* Pologne. l.
— grœca *Lodd.* Grèce. l.
— scandica *Fries.* Arr.^t de Gren. l.
— latifolia *Pers.* France. l.
— terminalis *Crantz.* Dauphiné. l.
— hybrida *L.* Allemagne. l.
— lanuginosa *Kit.* Hongrie. l.
— aucuparia *L.* Arr.^t de Grenoble. l.
— americana *Pursh.* Amér. sept. l.
— domestica *L.* Dauphiné. l.

ARONIA *Pers.*
— densiflora *Spach.* Amér. sept. l.
— chamæmespilus *Pers.* Arr.^t de Gr. l.

CYDONIA *Tourn.*
— vulgaris *Pers.* Autriche. l.
—   — var. *lusitanica.* l.
— sinensis *Thouin.* Chine. l.

CHÆNOMELES *Lindl.*
— japonica *Lindl.* Japon. l.
—   — var. *fl. carneo.* l.

ORDRE 57. — **CALYCANTHÉES.**

CALYCANTHUS.
— floridus *L.* Caroline. l.

(1) Voir pour les variétés fruitières du *poirier* et du *pommier communs*, la liste des arbres cultivés au jardin fruitier, placée à la fin de ce catalogue.

— floridus. var. *nanus Hort.* l.
— occidentalis *Lindl.* Californie. l.
— lævigatus *Willd.* Amér. sept. l.

CHIMONANTHUS *Lindl.*
— fragrans *Lindl.* Japon. l.

ORDRE 58. — GRANATÉES.

Punica *Tourn.*
— granatum *L.* Algérie.   l.

— nana *L.* Antilles.   l.

ORDRE 59. — COMBRÉTACÉES.

Terminalia *L.*
— angustifolia *Jacq.* Indes orient. l.

Conocarpus *Gærtn.*
— latifolia *Roxb.* Indes orientales.   l.

Combretum *Læfl.*
— comosum *Don.* Sierra-Leone.   l.
— punctatum *Blum.* Java.   l.

Quisqualis *Rumph.*
— indica *L.* Java.   l.

ORDRE 60. — ONAGRARIÉES.

Fuchsia *Plum.*
— microphylla *H. B. et K.* Mexique. l.
— arborescens *Sims.*   *Id.*   l.
— coccinea *Ait.* Chili.   l.
— globosa *Lindl.* Mexique.   l.
— fulgens *M. et S.*   *Id.*   l.
— corymbiflora *R. et P.* Pérou.   l.

Zauchneria *Presl.*
— californica *Presl.* Californie. p. l.

Epilobium *L.*
— spicatum *Lam.* Arr^t de Gren. p.
— rosmarinifolium *Hænk.*   *Id.*   p.
— crassifolium *Lehm.*   *Id.*   l.
— alpinum *L.*   *Id.*   p.
— alsinæflorum *Vill.*   *Id.*   p.
— gemmascens *C. A. M.* Dauphiné. p.
— roseum *Schreb.* Arr^t de Gren. p
— trigonum *Schrank*   *Id.*   p
— montanum *L.*   *Id.*   p.
— collinum *Gmel.*   *Id.*   p.
— lanceolatum *Seb. et Maur. Id.* p.
— hirsutum *L.*   *Id.*   p.
— parviflorum *Schreb*   *Id.*   p.
— tetragonum *L.*   *Id.*   p.
— Lamyi *F. Schultz.* France.   p.

Gaura *L.*
— biennis *L.* Virginie.   b.
— Lindheimeri *Eng. et Gr.* Texas. p.
— parviflora *Dougl.* Texas.   b. p.

OEnothera *L.*
— biennis *L.* Arr^t de Grenoble.   b.
— elata *H. B. et K.* Mexique.   b.
— parviflora *L.* Amér. sept.   b.

— macrocarpa *Pursh.* Missouri.   p.
— longiflora *Jacq.* Buénos-Ayres. b.
— stricta *Ledeb.* Patrie ignorée. b. p.
— Drummondii *Hook.* Texas.   a.
— mollissima *L.* Chili.   a.
— odorata *Jacq.* Patagonie.   b.
— rhizocarpa *Spreng.* Louisiane. b. p.
— tetraptera *Cav.* N.-Espagne.   p.
— hybrida *Mich.* Caroline.   p.
— serotina *Don.* Amér. sept.   p.
— speciosa *Nutt.*   *Id.*   p.
— rosea *Ait.* Mexique.   p.

Godetia *Spach.*
— Lehmanniana *Spach.* Népaul.   a.
— rubicunda *Lindl.* Californie.   a.
— Willdenowiana *Spach.* Am. sept. a.

Boisduvalia *Spach.*
— Douglasii *Spach.* Amér. sept.   a.

Eucharidium *Fisch. et Mey.*
— grandiflorum *F. et M.* N.-Califor. a.

Clarkia *Pursh.*
— pulchella *Pursh.* Californie.   a.
— elegans *Dougl.*   *Id.*   a.
— rhomboidea *Dougl.*   *Id.*   a.

Lopezia *Cav.*
— coronata *Andr.* Mexique.   a.
— hirsuta *Jacq.*   *Id.*   b. l.

Circæa *Tourn.*
— lutetiana *L.* Arr^t de Grenoble. p.
— intermedia *Ehrh.*   *Id.*   p.
— alpina *L.*   *Id.*   p.

ORDRE 61. — HALORAGÉES.

Cercodia *Murr.*
— erecta *Murr.* Nouv.-Zélande.   l.

Myriophyllum *Vaill.*
— spicatum *L.* Arr^t de Grenoble. p.

CALLITRICHE *L.*
— stagnalis *Scop.* Arr¹ de Grenoble. p.

HIPPURIS *L.*
— vulgaris *L.* Arr¹ de Grenoble. p.

ORDRE 62. — CÉRATOPHYLLÉES.

CERATOPHYLLUM *L.*
— demersum *L.* Arr¹ de Grenoble. p.

ORDRE 63. — LYTHRARIÉES.

LYTHRUM *Juss.*
— hyssopifolia *L.* Dauphiné. a.
— salicaria *L* Arr¹ de Grenoble. p.
— — var. *gracile DC.* France. p.
— virgatum *L.* Belgique. p.

CUPHEA *Jacq.*
— viscosissima *Jacq.* Brésil. a.
— silenoides *Nees.* Mexique. a.

— procumbens *Cav.* Mexique. a.
— — var. *purpurea Hort.* a.
— ignea *DC.* Mexique. l.
— pubiflora *Benth. Id.* l.

HEIMIA *Link.* et *Ott.*
— myrtifolia *Cham.* et *Schlech.* Brés. l.

LAGERSTROEMIA *Willd.*
— indica *L.* Chine. l.

ORDRE 64. — TAMARICINÉES.

TAMARIX *Desv.*
— gallica *L.* France. l.
— indica *Willd. ?* Indes orient. l.

— tetrandra *Pall.* Tauride. l.

MYRICARIA *Desv.*
— germanica *Desv.* Arr¹ de Gren. l.

ORDRE 65. — MÉLASTOMACÉES.

CENTRADENIA *G. Don.*
— floribunda *Planch.* Amér. mérid. l.
CHÆTOGASTRA *DC.*
— canescens *DC.* Amér. mérid. l.
HETERONOMA *Mart.*
— subtriplinervium *Mart.* Mexique. l.

PLEROMA *G. Don.*
— vimineum *Don.* Brésil. l.
MEDINILLA *Gaudich.*
— erytrophylla *Lindl.* Indes orient. l.

ORDRE 66. — PHILADELPHÉES.

PHILADELPUS *L.*
— coronarius *L.* Lombardie. l.
— nanus *Mill.* Patrie ignorée. l.
— Gordonianus *Lindl.* Amér. sept. l.
— latifolius *Schrad.* Id. l.
— grandiflorus *Willd.* Id. l.
— speciosus *Schrad.* Id. l.

— floribundus *Schrad.* Amér. sept. l.
— mexicanus *Schlecht.* Mexique. l.
— hirsutus *Nutt.* Amér. sept. l.

DECUMARIA *L.*
— barbara *L.* Caroline. l.

ORDRE 67. — MYRTACÉES.

TRISTANIA *R. Brown.*
— macrophylla *Al. Cunningh.* Nouv.-
Hollande. l.

BEAUFORTIA *R. Brown.*
— speciosa *H. Paris.* l.

MELALEUCA *L.*
— diosmifolia *Andr.* Nouv.-Holl. l.

— pulchella *R. Brown.* Nouv.-Holl. l.
— hypericifolia *Smith.* Id. l.

CALLISTEMON *R. Br.*
— pinifolium *DC.* Nouv.-Hollande. l.
— floribundum *H. Par.* Id. l.
— lineare *DC.* Id. l.
— lanceolatum *DC.* Id. l.

METROSIDEROS *R. Brown.*
— robusta *All. Cunningh.* N.-Zél. l.

FABRICIA *Gœrtn.*
— lœvigata *Gœrtn.* Nouv.-Hollande. l.

PSIDIUM *L.*
— pyriferum *L.* Antilles. l.
— pomiferum *L. Id.* l.
— Cattleianum *Sabine.* Chine. l.

MYRTUS *L.*
— communis *L.* France. l.
— — var. *flore pleno.* l.
— — var. *bœtica Mill.* l.
— — var. *mucronata L.*
— bullata *All. Cunning.* N.-Zélande. l.

JAMBOSA *Rumph.*
— vulgaris *DC.* Indes orientales. l.
— australis *DC.* Nouv.-Hollande. l.

ORDRE 68. — CUCURBITACÉES.

LAGENARIA *Ser.*
— vulgaris *Ser.* Amér. mérid. a.

CUCUMIS *L.*
— melo *L.* Asie. a.
— sativus *L.* Indes orientales. a.
— flexuosus *L. Id. ?* a.
— prophetarum *L.* Arabie. a.

CITRULLUS *Neck.*
— vulgaris *Schrad.* Indes. a.
— colocynthis *Arn.* Espagne. a.

BENINCASA *Savi.*
— cerifera *Savi.* Indes. a.

BRYONIA *L.*
— alba *L.* Allemagne. p.
— dioica *Jacq.* Arr¹ de Grenoble. p.

SICYOS *L.*
— angulatus *L.* Hongrie. a.

— bryoniæfolius *Moris.* Chili. a.

ECBALIUM *L. C. Rich.*
— elaterium *L. C. Rich.* France. a. p.

MELOTHRIA *L.*
— pendula *L.* Amér. mérid. a.

CUCURBITA *L.*
— maxima *L.* Patrie inconnue. a.
— melopepo *L. Id.* a.
— pepo *L.* Orient. *Id.* a.
— farinæ *Ten. Id.* a.
— aurantia *Willd. Id.* a.
— perennis *Asa Gray.* Texas. p.

CYCLANTHERA *Schrad.*
— pedata *Schrad.* Mexique. a.

GRONOVIA *L.*
— scandens *L.* Vera-Crux. a.

ORDRE 69. — PASSIFLORÉES.

PASSIFLORA *Juss.*
— suberosa *L.* Antilles. l.
— pallidiflora *Bertol.* Patrie inconn. l.
— kermesina *Link* et *Ott.* Brésil. l.
— alata *Ait.* Pérou. l.
— odorata *Hort.* l.

— Beloti *Hort.* Plante hybride. l.
— Raddiana *DC.* Brésil. l.
— edulis *Sims. Id.* l.
— cœrulea *L.* Pérou. l.

DISEMMA *Labill.*
— Herbertiana *DC.* Nouv.-Holl. l.

ORDRE 70. — LOASÉES.

BLUMENBACHIA *Schrad.*
— insignis *Schrad.* Amér. mérid. p.

LOASA *Adans.*
— triloba *Juss.* Pérou. l.
— nitida *Lam. Id.* a.

MENTZELIA *Plum.*
— Lindleyi *Torr.* et *Gr.* Californie. a.

CAIOPHORA *Presl.*
— lateritia *Klotzsch.* La Plata. p. l.

ORDRE 71. — PORTULACÉES.

TRIANTHEMA *Sauv.*
— monogyna *L.* Jamaïque. a.

PORTULACA *Tourn.*
— oleracea *L.* Arr¹ de Grenoble a.

— Thellusonii *Lindl.* Brésil. a.
— Gilliesii *Hook.* Chili. a.
— grandiflora *Camb.* Brésil. p.

TALINUM *Sims.*
— patens *Willd.* Saint-Domingue. l.

CALANDRINIA *H. B. et K.*
— compressa *Schrad.* Chili. a.

— speciosa *Lehm.* Chili. a.
— grandiflora *Lindl. Id.* p. l.

PORTULACARIA *Jacq.*
— afra *Jacq.* Afrique australe. l.

CLAYTONIA *L.*
— perfoliata *Donn.* Cuba. a.

ORDRE 72. — **PARONYCHIÉES.**

TELEPHIUM *Tourn.*
— Imperati *L.* Dauphiné. p.

CORRIGIOLA *L.*
— littoralis *L.* Dauphiné. a.

HERNIARIA *Tourn.*
— glabra *L.* Arr^t de Grenoble. p.
— hirsuta *L. Id.* p.
— alpina *Vill. Id.* p.

ANYCHIA *Mich.*
— dichotoma *Mich.* Amér. sept. a.

PARONYCHIA *Juss.*
— polygonifolia *DC.* Arr^t de Gren. p.

— serpyllifolia *DC.* Arr^t de Gren. p.

POLYCARPON *Lœfl.*
— tetraphyllum *L.* Dauphiné. a.
— Bivonæ *J. Gay.* Algérie. p.

SCLERANTHUS *L.*
— perennis *L.* Arr^t de Grenoble. p.
— neglectus *Roch.* Bannat. p.
— annuus *L.* Arr^t de Grenoble. a.

MINUARTIA *Lœfl.*
— montana *Lœfl.* Espagne. a.

ORDRE 73. — **CRASSULACÉES.**

SEPTAS *L.*
— capensis. Cap. p.

CRASSULA *Haw.*
— arborescens *Willd.* Cap. l.
— lactea *Ait. Id.* l.
— tetragona *L. Id.* l.
— lycopodioides *Lam. Id.* l.
— perfossa *Lam. Id.* l.
— spathulata *Thunb. Id.* l.

ROCHEA *DC.*
— falcata *DC.* Cap. l.
— perfoliata *Haw. Id.* l.
— coccinea *DC. Id.* l.

KALANCHOE *Adans.*
— spathulata *DC.* Chine. l.
— laciniata *DC.* Java. l.

BRYOPHYLLUM *Salisb.*
— calycinum *Salisb.* Iles Moluques. l.

COTYLEDON *DC.*
— orbiculata *L.* Cap. l.
— cristata *Haw. Id.* l.

UMBILICUS *DC.*
— chrysanthus *Boiss.* et *Held.* Anat. p.
— pendulinus *DC.* Dauphiné. p.
— erectus *DC.* Espagne. p.

ECHEVERIA *DC.*
— coccinea *DC.* Mexique. .l

— racemosa *Schlecht.* Mexique. l.
— bracteolata *Link.* et *Ott.* Caracas. l.
— pulverulenta *Nutt.* Californie. p. l.

SEDUM *DC.*
— rhodiola *DC.* Arr^t de Grenoble. p.
— aizoon *L.* Ile de Crète. p.
— kamtschaticum *F.* et *M.* Kamtsch. p.
— Sieboldii *Sweet.* Japon. p.
— maximum *Suter.* Arr^t de Gren. p.
— Telephium *L.* Dauphiné. p.
— spurium *Bieb.* Caucase. p.
— oppositifolium *Sims. Id.* p.
— hybridum *L.* Tartarie. p.
— populifolium *L.* Sibérie. l.
— anacampseros *L.* Arr^t de Gren. p.
— cepæa *L. Id.* a.
— atratum *L. Id.* a.
— annuum *L. Id.* a. b.
— rubens *DC. Id.* a.
— dasyphyllum *L. Id.* p.
— hispanicum *L.* Espagne. a.
— album *L.* Arr^t de Grenoble. p.
— cruciatum *Desf.* Dauphiné. p.
— acre *L.* Arr^t de Grenoble. p.
— boloniense *Lois. Id.* p.
— reflexum *L. Id.* p.
— altissimum *Poir. Id.* p.
— anopetalum *DC. Id.* p.

SEMPERVIVUM *L.*
— aizoides *Lam.* Madère. l.
— ciliatum *Willd* Canaries. l.
— glutinosum *Ait.* Madère. l.
— arboreum *L.* Espagne. l.
— globiferum *L.* Suisse. p.
— tectorum *L.* Arrt de Grenoble. p.
— juratensis *Jord.* France. p.
— Requieni *Hort.* p.

— calcareum *Jord.* Dauphiné. p.
— Lamottii *Jord.* France. p.
— arvernense *Lec.* et *Lam. Id.* p.
— Wulfeni *Hoppe.* Tyrol. p.
— Comollii *Rota.* Lombardie. p.
— montanum *L.* Arrt de Grenoble. p.
— Funkii *Braun.* Tyrol. p.
— piliferum *Jord.* Arrt de Gren. p.
— arachnoideum *L. Id.* p.

ORDRE 74. — **FICOIDÉES.**

MESEMBRIANTHEMUM *L.*
— linguæforme *Haw.* Cap. p.
— edule *L. Id.* l.
— glaucescens *Haw.* Nouv.-Holl. l.
— perfoliatum *Mill.* Cap. l.
— semidentatum *Haw. Id.* l.
— uncinatum *Mill. Id.* l.
— umbellatum *L. Id.* l.
— multiflorum *Haw. Id.* l.
— deltoides *Mill. Id.* l.
— muricatum *Haw Id.* l.
— maximum *Haw. Id.* l.
— falciforme *Haw. Id.* l.
— violaceum *DC. Id.* l.
— aureum *L. Id.* l.

— spinosum *L.* Cap. l.
— stellatum *Mill. Id.* l.
— candens *Haw. Id.* l.
— tuberosum *L. Id.* l.
— geniculiflorum *L. Id.* l.
— acuminatum *Haw. Id.* l.
— splendens *L. Id.* l.
— crystallinum *L.* Corse. a. b.
— cordifolium *L.* Cap. a. b.

TETRAGONIA *L.*
— expansa *Ait.* Nouv.-Zélande. a.
— crystallina *L'Hér.* Pérou. a.

AIZOON.
— canariense *L.* Egypte. a. p.

ORDRE 75. — **CACTÉES.**

MAMMILLARIA *Haw.*
— tenuis *DC.* Mexique. l.
— suberocea *DC. Id.* l.
— polythele *Mart. Id.* l.
— quadrispina *Mart. Id.* l.
— simplex *Haw.* Antilles. l.
— angularis *H. Berct.* Mexique l.
— cirrhifera *Mart. Id.* l.
— polyedra *Mart. Id.* l.
— Karwinskiana *Mart. Id.* l.
— longimamma *DC. Id.* l.
— Haageana *Pfeiff. Id.* l.
— nivea *Wendl. Id.* l.
— setosa *Pfeiff. Id.* l.
— rhodantha *Lk.* et *Otto. Id.* l.
— grandiflora *Otto. Id.* l.
— uncinata *Zucc. Id.* l.
— pusilla *DC.* Indes occidentales. l.
— Wildiana *Otto. Id.* l.
— ruficeps *Lem.* l.
— longispina *Reich.* Mexique. l.
— minima *Tersch. Id.* l.
— gracilis *Pfeiff. Id.* l.

MELOCACTUS *DC.*
— amœnus *Hoffmsg.* Colombie. l.

ECHINOCACTUS *Link* et *Otto.*
— Ottonis *Lehm.* Brésil. l.

— ingens *Zucc.* Mexique. l.
— corynodes *Otto. Id.* l.
— Sellowianus *L.* et *O.* Montévideo. l.
— Pfeifferi *Zucc.* Mexique. l.
— scopa *Lk.* et *Otto.* Brésil. l.
— mammulosus *Lem.* l.
— electracanthus *Lem.* l.
— Pentlandi *Hook.* l.

DISOCACTUS *Lindl.*
— biformis *Lindl.* Honduras. l.

ECHINOPSIS *Zucc.*
— multiplex *Pfeiff.* et *Otto.* Brésil. l.
— Zuccarinii *Pfeiff.* l.
— Eyriesii *Pfeiff.* et *Otto.* B.-Ayres. l.
— Schellasii *Pfeiff.* et *Otto.* l.

CEREUS *Haw.*
— multangularis *Haw.* Am. mérid. l.
— strigosus *S. Dyck.* Chili. l.
— peruvianus *Tabern.* Pérou. l.
— — var. *monstruosus DC. Id.* l.
— geometrizans *Mart.* Mexique. l.
— repandus *Haw.* Antilles. l.
— eriophorus *Otto.* Cuba. l.
— tetragonus *Haw.* Amér. mérid. l.
— cinerascens *DC.* Mexique. l.
— pentalophus *DC. Id.* l.
— serpentinus *Lagasc. Id.* l.

— obtusus *Haw.* Brésil. l.
— Martianus *Zucc.* Mexique. l.
— flagelliformis *Mill.* Amér. mérid. l.
— grandiflorus *Mill.* Antilles. l.
— nycticalus *Link.* Mexique. l.
— spinulosus *DC. Id.* l.
— Napoleonis *Grah.* Indes occid. l.
— speciosissimus *DC.* Mexique. l.
— coccineus *S. Dyck. Id.* l.
— rostratus *Lem. Id.* l.

PHYLLOCACTUS *Link.*
— Ackermanni *Link.* Mexique. l.
— phyllanthoides *Link. Id.* l.
— — var. *Quillardeti.* Pl. hybride. l.

EPIPHYLLUM *Pfeiff.*
— truncatum *Haw.* Brésil. l.

OPUNTIA *Tourn.*
— ovata *Pfeiff.* Chili. l.
— corrugata. *H. Angl.* l.
— glomerata *Haw.* Chili. l.
— andicola *H. Angl. Id.* l.
— vulgaris *Mill.* Mexique. l.
— stricta *Haw.* Amér. mérid. l.
— ficus indica *Mill.* Sicile. l.
— microdasys *Lehm.* Mexique. l.
— decumbens *S. Dyck. Id.* l.

— leucotricha *DC.* Mexique. l.
— crinifera *S. Dyck.* Brésil. l.
— missouriensis *DC.* Amér. sept. l.
— tuna *Mill.* Mexique. l.
— glaucophylla *Wendl.* l.
— polyantha *Haw.* Amér. mérid. l.
— monacantha *Haw.* Brésil. l.
— rubescens *S. Dyck. Id.* l.
— brasiliensis *Haw. Id.* l.
— cylindrica *DC.* Pérou. l.
— Salmiana *Parm.* Brésil. l.
— platyacantha *S. Dyck.* Chili. l.

PERESKIA *Plum.*
— aculeata *Mill.* Indes occident. l.
— grandifolia *Haw.* Brésil. l.

RHIPSALIS *Pfeiff.*
— crispata *Pfeiff.* l.
— rhombea *Pfeiff.* Mexique. l.
— Swartziana *Pfeiff.* Jamaïque. l.
— funalis *S. Dyck.* Amér. mér. l.
— mesembrianthemoides *Haw. Id.* l.

LEPISMIUM *Pfeiff.*
— paradoxum *S. Dyck.* Brésil. l.

HARIOTA *DC.*
— salicornioides *DC.* Brésil. l,

ORDRE 76. — **GROSSULARIÉES**.

RIBES *L.*
— stamineum *Smith.* Californie. l.
— lacustre *Poir.* Canada. l.
— uva-crispa *L.* Arrᵗ de Grenoble. l.
— — var. *sativum DC.* l.
— cynosbati *L.* Canada. l.
— triflorum *Willd. Id.* l.
— orientale *Poir.* Syrie. l.
— saxatile *Pall.* Sibérie. l.
— diacantha *L. Id.* l.
— alpinum *L.* Arrᵗ de Grenoble. l.

— multiflorum *Kit.* Croatie. l.
— rubrum *L.* Arrᵗ de Grenoble l.
— petræum *Wulf. Id.* l.
— nigrum *L.* Dauphiné. l.
— floridum *L'Hérit.* Amér. sept. l.
— recurvatum *Mich. Id.* l.
— sanguineum *Pursh. Id.* l.
— malvaceum *Smith.* Californie. l.
— aureum *Pursh.* Amér. sept. l.
— tenuiflorum *Lindl. Id.* l.

ORDRE 77. — **SAXIFRAGACÉES**.

ESCALLONIA *Mutis.*
— rubra *Pers.* Chili. l.
— floribunda *H.B.et K.N.*-Grenade. l.
— illinita *Presl.* Chili. l.

ITEA *L.*
— virginica *L.* Amér. sept. l.

HYDRANGEA *L.*
— arborescens *L.* Amér. sept. l.
— nivea *Mich. Id.* l.
— quercifolia *Bartr.* Floride. l.

— Hortensia *Ser.* Chine. l.
— japonica *Siebold.* Japon. l.

ADAMIA *Wall.*
— cyanea *Wall.* Népaul. l.

DEUTZIA *Thunb.*
— scabra *Thunb.* Japon. l.
— crenata *Sieb.* et *Zucc. Id.* l.
— gracilis *Sieb.* et *Zucc. Id.* l.

SAXIFRAGA *L.*
— oppositifolia *L.* Arrᵗ de Gren. p.

— pyramidalis *L.* France. p.
— Aizoon *L.* Arr^t de Grenoble. p.
— longifolia *Lapey.* France. p.
— tenella *Wulf.* Autriche. p.
— androsacea *L.* Arr^t de Grenob'e. p.
— muscoides *Wulf.* *Id.* p.
— ajugæfolia *L.* France. p.
— trifurcata *Schrad.* Espagne. p.
— pedatifida *Smith.* France. p.
— hypnoides *L.* Dauphiné. p.
— palmata *Smith.* France. p.
— granulata *L.* Arr^t de Grenoble. p.
— crassifolia *L.* Sibérie. p.
— cordifolia *L.* *Id.* p.
—. ligulata *Wall.* Népaul. p.
— stellaris *L.* Arr^t de Grenoble. p.
— cuneifolia *L.* *Id.* p.
— apennina *Bertol.* Italie. p.
— hirsuta *L.* France. p.
— geum *L.* *Id.* p.
— sarmentosa *L. f.* Chine. p.
— orientalis *Jacq.* Orient. a.
— rotundifolia *L.* Arr^t de Grenoble. p.
— bryoides *L.* *Id.* p.
— aizoides *Smith.* *Id.* p.

CHRYSOSPLENIUM *Tourn.*
— alternifolium *L.* Arr^t de Gren. p.
— oppositifolium *L.* *Id.* p.

TELLIMA *R. Brown.*
— grandiflora *Lindl.* Amér. sept. p.

DRUMMONDIA *DC.*
— mitelloides *DC.* Amér. sept. p.

TIARELLA *L.*
— cordifolia *L.* Amér. sept. p.

HOTEIA *Morr. et Dne.*
— japonica *Morr.* et *Dne.* Japon. p.

ASTILBE *Hamilt.*
— rivularis *Hamilt.* Népaul. p.
— aruncus *Trev.* Arr^t de Gren. p.
— acuminata (Spiræa *Dougl.*) Am. s. p.

HEUCHERA *L.*
— americana *L.* Amér. septent. p.
— glabra *Willd.* *Id.* p.
— macrophylla *Lodd.* *Id.* p.
— villosa *Mich.* *Id.* p.

ORDRE 78. — OMBELLIFÈRES.

HYDROCOTYLE *Tourn.*
— vulgaris *L.* Arr^t de Grenoble. p.
— sibthorpioides *Lam.* Ile Maurice. p.

DIMETOPIA *DC.*
— isocarpa *Bartl.* Nouv.-Hollande. a.

DIDISCUS *DC.*
— cœruleus *Hook.* N.-Hollande. a.

BOWLESIA *Ruiz et Pav.*
— tenera *Spreng.* Pérou. a.

SANICULA *Tourn.*
— europœa *L.* Arr^t de Grenoble. p.

HACQUETIA *Neck.*
— epipactis *DC.* Piémont. p.

ASTRANTIA *Tourn.*
— minor *L.* Arr^t de Grenoble. p.
— major *L.* *Id.* p.
— intermedia *Bieb.* Caucase. p.

ERYNGIUM *Tourn.*
— campestre *L.* Arr^t de Grenoble. p.
— Bourgati *Gouan.* France. p.
— maritimum *L.* *Id.* p.
— planum *L.* Autriche. p.
— bromeliæfolium *Laroch.* Mexiq. p.

CICUTA *L.*
— occidentalis *Dougl.* Am. sept. p.

ZIZIA *Koch.*
— aurea *Koch.* Amér. sept. p.

APIUM *Hoffm.*
— graveolens *L.* France. p.
— — var. *rapaceum DC.* b.

PETROSELINUM *Hoffm.*
— sativum *Hoffm.* Sardaigne. b.
— peregrinum *Lag.* Espagne. b.

TRINIA *Hoffm.*
— vulgaris *DC.* Arr^t de Grenoble. b.
— rupestricola *Jord.* France. b.

HELOSCIADIUM *Koch.*
— nodiflorum *Koch.* Arr^t de Gren. p.
— leptophyllum *DC.* Chili. a.

PHYCHOTIS *Koch.*
— heterophylla *Koch.* Arr^t de Gren. b.
— Timbali *Jord.* France. b.

FALCARIA *Riv.*
— Rivini *Host.* Dauphiné. p.

SISON *Lag.*
— amomum. *L.* Arr^t de Grenoble. b.

AMMI *Tourn.*
— majus *L.* Dauphiné. a.
— glaucifolium *L.* *Id.* a.
— visnaga *Lam.* France. a.

ÆGOPODIUM *L.*
— podagraria *L.* Arr¹ de Grenoble. p.
— alpestre *Ledeb.* Monts Altaï. p.

CARUM *Koch.*
— Carvi *L.* Arr¹ de Grenoble. b.
— bulbocastanum *Koch. Id.* p.
— mauritanicum *Boiss.* et *Reut.* Alg. p.

BUNIUM *Koch.*
— virescens *DC.* France. p.

CRYPTOTÆNIA *DC.*
— canadensis *DC.* Amér. sept. p.

PIMPINELLA *L.*
— magna *L.* Arr¹ de Grenoble. p.
— saxifraga *L.* *Id.* p.
— peregrina *L.* France. b.
— gracilis *Bisch.* Perse. b.
— anisum *L.* Grèce. a.

SIUM *Koch.*
— sisarum *L.* Chine. p.
— sisaroideum *DC.* Perse. p.

BERULA *Koch.*
— angustifolia *Koch.* Arr¹ de Gren. p.

RIDOLFIA *Moris.*
— segetum *Moris.* Sardaigne. a.

BUPLEURUM *Tourn.*
— australe *Jord.* France. a.
— Jacquinianum *Jord.* Dauphiné. a.
— junceum *L.* Arr¹ de Grenoble. a.
— aristatum *Bartl. Id.* a.
— obliquum *Jord.* Espagne. a.
— rotundifolium *L.* Arr¹ de Gren. a.
— longifolium *L.* *Id.* p.
— stellatum *L.* *Id.* p.
— graminifolium *Vahl. Id.* p.
— alpigenum *Jord.* Dauphiné. p.
— ranunculoides *L.* Arr¹ de Gren. p.
— petrogenes *Jord.* France. p.
— falcatum *L.* Arr¹ de Grenoble. p.
— fruticosum *L.* France. l.

OENANTHE *Lam.*
— Lachenalii *Gmel.* Arr¹ de Gren. p.
— peucedanifolia *Poll.* *Id.* p.
— pimpinelloides *L.* Dauphiné. p.
— apiifolia *Brot.* Espagne. p.
— anomala *Coss.* Algérie. p.
— phellandrium *Lam.* Dauphiné. p.

ÆTHUSA *L.*
— cynapium *L.* Arr¹ de Grenoble. a.
— elata *Friedl.* Russie. a. b.

FOENICULUM *Adans.*
— vulgare *Gœrtn.* Arr¹ de Gren. p.

BRIGNOLIA *Bertol.*
— pastinacæfolia *Bertol.* Corse. p.

SESELI *L.*
— hippomarathrum *L.* Allemagne. p.
— tomentosum *Vis.* Dalmatie. p.
— rigidum *W.* et *K.* Hongrie. p.
— gracile *W.* et *K.* *Id.* p.
— elatum *Gouan.* France. p.
— montanum *L.* Dauphiné. p.
— glaucescens *Jord.* France. p.
— osseum *Crantz.* Autriche. p.
— coloratum *Ehrh.* Arr¹ de Gren. b.

LIBANOTIS *Crantz.*
— montana *All.* Arr¹ de Grenoble. b. p.
— athamantoides *DC.* Transylv. b. p.
— sibirica *Koch.* Prusse. b. p.

CENOLOPHIUM *Koch.*
— Fischeri *Koch.* Russie. p.

CNIDIUM *Cuss.*
— dahuricum *F.* et *M.* Dahurie. p.

ATHAMANTA *Koch.*
— cretensis *L.* Arr¹ de Grenoble. p.

LIGUSTICUM *Koch.*
— alatum *Spreng.* Caucase. p.
— pyrenæum *Gouan.* France. p.

SILAUS *Bess.*
— pratensis *Bess.* Arr¹ de Grenob. p.
— tenuifolius *DC.* Hongrie. p.
— Besseri *DC.* Russie. p.

MEUM *Tourn.*
— athamanticum *Jacq.* Ar¹ de Gr. p.
— mutellina *Gœrtn.* *Id.* p.

GAYA *Gaud.*
— simplex *Gaud.* Arr¹ de Grenoble. p.

CRITHMUM *Tourn.*
— maritimum *L.* France. p. l.

LEVISTICUM *Koch.*
— officinale *Koch.* Dauphiné. p.

SELINUM *Hoffm.*
— carvifolia *L.* Dauphiné. p.

OSTERICUM *Hoffm.*
— pratense *Hoffm.* Prusse. p.

ANGELICA *Hoffm.*
— montana *Schleich.* Arr¹ de Gren. p.
— sylvestris *L.* *Id.* p.

ARCHANGELICA *Hoffm.*
— officinalis *Hoffm.* Allemagne. b.

OPOPANAX *Koch.*
— chironium *Koch.* France. p.

FERULA *Tourn.*
— communis *L.* France. p.

FERULAGO *Koch.*
— galbanifera *Koch.* France. ɔ.

PALIMBIA *Bess.*
— Chabræi *DC.* Arrᵗ de Grenoble. p.

PEUCEDANUM *Koch.*
— longifolium *W. et K.* Dalmatie. p.
— ruthenicum *Bieb.* Russie. p.
— Schottii *Bess.* Autriche. p.
— Petteri *Vis.* Dalmatie. p.
— alsaticum *L.* Dauphiné. p.
— venetum *Koch.* Id. p.
— cervaria *Cuss.* Arrᵗ de Grenoble p
— oreoselinum *Cuss.* Id. p
— austriacum *Koch.* Autriche. p.

TOMMASINIA *Bertol.*
— verticillaris *Bertol.* Suisse. p.

XANTHOGALUM *Lallem.*
— purpurascens *Lallem.* Ibérie. p.

IMPERATORIA *L.*
— ostruthium *L.* Arrᵗ de Grenoble. p.
— hispanica *Boiss.* Espagne. p.

ANETHUM *Tourn.*
— graveolens *L.* France. a.

PASTINACA *Tourn.*
— sativa *L.* Dauphiné. b.
— opaca *Bernh.* Arrᵗ de Grenoble. b.
— Fleischmanni *Hladn.* Carnie. b.

HERACLEUM *L.*
— sibiricum *L.* Russie. p.
— longifolium *Jacq.* Autriche. p.
— stenophyllum *Jord.* Franc. p.
— montosicolum *Jord.* Aᵗ de G. p.
— montanum *Schleich.* Id. p.
— redolens *Jord.* Id. p.
— vallicolum *Jord.* Id. p.
— œstivum *Jord.* Id. p.
— pratense *Jord.* Id. p.
— delphinense *Jord.* Id. p.
— persicum *Desf.* Perse. p.

H. sphondylium des auteurs, en partie. H. panaces des auteurs en partie.

ZOZIMIA *Hoffm.*
— absinthifolia *DC.* Orient. p.

JOHRENIA *DC.*
— dichotoma *DC.* Orient. p.

AINSWORTHIA.
— cordata *Boiss.* Orient. a.

TORDYLIUM *Tourn.*
— syriacum *L.* Grèce. a.
— maximum *L.* Arrᵗ de Grenoble. a.

KRUBERA *Hoffm.*
— leptophylla *Hoffm.* Espagne. a.

SILER *Scop.*
— trilobum *Scop.* France. p.

THAPSIA *Tourn.*
— garganica *L.* Italie. p.
— villosa *L.* France. p.

LASERPITIUM *Tourn.*
— latifolium *L.* Arrᵗ de Grenoble. p.
— siler *L.* Id. p.
— gallicum *L.* Id. p.
— aspretorum *Jord.* France. p.
— orientale *Spach.* Orient. p.
— panax *Gouan.* Arrᵗ de Grenoble. p.
— hispidum *Bieb.* Russie. b. p.

MELANOSELINUM *Hoffm.*
— decipiens *Hoffm.* l.

ARTEDIA *L.*
— squamata *L.* Orient. a.

ORLAYA *Hoffm.*
— grandiflora *Hoffm.* Arrᵗ de Gren. a.
— platycarpos *Koch.* France. a.

DAUCUS *Tourn.*
— muricatus *L.* Corse. a.
— pulcherrimus *Koch.* Russie. b.
— carota *L.* Arrᵗ de Grenoble. b.

CAUCALIS *Hoffm.*
— daucoides *L.* Arrᵗ de Grenoble. a.
— muricata *Bisch.* Autriche. a.
— leptophylla *L.* Arrᵗ de Grenob a.

TURGENIA *Hoffm.*
— latifolia *Hoffm.* Arrᵗ de Gren. a.

TORYLIS *Spreng.*
— helvetica *Gmel.* Arrᵗ de Gren. b.
— heterophylla *Guss.* France. b.
— nodosa *Gœrtn.* Arrᵗ de Gren. a.

SCANDIX *Gœrtn.*
— pinnatifida *Vent.* Espagne. a.
— pecten-Veneris *L.* Arrᵗ de Gren. a.
— hispanica *Boiss.* France. a.
— brachycarpa *Guss.* Sicile. a.
— australis *L.* France. a.

ANTHRISCUS *Hoffm.*
— sylvestris *Hoffm.* Arrᵗ de Gren. p.
— alpinus *Vill. (sub Chærophyllo)* Id. p.
— montanus *Jord.* Id. p.

— cerefolium *Hoffm.* Italie. a.
— trichosperma *Schult. Id.* a.

PHYSOCAULIS *Tausch.*
— nodosus *Tausch.* Corse. a.

CHÆROPHYLLUM *Hoffm.*
— bulbosum *L.* France. b.
— temulum *L.* Arr^t de Grenoble. b.
— aureum *L. Id.* p.
— maculatum *Willd.* Allemagne. p.
— cicutaria *Vill.* Arr^t de Grenoble. p.
— hirsutum *L. Id.* p.

MOLOPOSPERMUM *Koch.*
— cicutarium *DC.* Dauphiné. p.

MYRRHIS *Scop.*
— odorata *Scop.* Arr^t de Grenoble. p.

LAGOECIA *L.*
— cuminoides *L.* Espagne. a.

CACHRYS *Tourn.*
— involucrata *Pall.* Perse. p.

MAGYDARIS *Koch.*
— tomentosa *Koch.* Sicile. p.

CONIUM *L.*
— maculatum *L.* Arr^t de Grenol. b.

SMYRNIUM *L.*
— olusatrum *L.* France. b.
— perfoliatum *Mill. Id.* b.

BIFORA *Hoffm.*
— testiculata *Spreng.* France. a.
— radians *Bieb. Id.* a.

CORIANDRUM *Hoffm.*
— sativum *L.* Italie. a.
— melphitense *Ten.* et *Guss. Id.* a.

ORDRE 79. — **ARALIACÉES.**

ADOXA *L.*
— moschatellina *L.* Arr^t de Gren. p.

PANAX *L.*
— trifolium *L.* Canada. p. l.

CUSSONIA *Thunb.*
— thyrsiflora *Thunb.* Cap. l.

ARALIA *L.*
— racemosa *L.* Amér. sept. p.

— japonica *Thunb.* Japon. l.
— spinosa *L.* Amér. sept. l.

DIMORPHANTHUS *Miq.*
— edulis *Miq.* Japon. p.

HEDERA *Swartz.*
— helix *L.* Arr^t de Grenoble. l.
— — var. *hybernica.* l.

PARATROPIA *DC.*
— terebinthacea *Arn.* Malabar. l.

ORDRE 80. — **HAMAMÉLIDÉES.**

HAMAMELIS *L.*
— virginica *L.* Amér. sept. l.

ORDRE 81. — **CORNÉES.**

CORNUS *L.*
— paniculata *L'Hér.* Caroline. l.
— sanguinea *L.* Arr^t de Grenoble. l.
— alba *L.* Amér. sept. l.
— sericea *L'Hér. Id.* l.
— candidissima *Mill. Id.* l.

— mas *L.* Arr^t de Grenoble. l.
— — var. *fructu luteo.* l.
— florida *L.* Amér. sept. l.

AUCUBA *Thunb.*
— japonica *Thunb.* Japon. l.

ORDRE 82. — **CAPRIFOLIACÉES.**

SAMBUCUS *Tourn.*
— ebulus *L.* Arr^t de Grenoble. p.
— canadensis *L.* Amér. sept. l.
— nigra *L.* Arr^t de Grenoble. l.
— — var. *rotundifolia.* l.

— nigra. var. *heterophylla.* l.
— laciniata *Mill.* l.
— racemosa *L.* Arr^t de Grenoble. l.
— pubens *Mich.* Caroline. l.

VIBURNUM *L.*
— tinus *L.* France. l.
— rugosum *Pers.* Iles Canaries. l.
— prunifolium *L.* Amérique sept l.
— lentago *L.* Caroline. l.
— odoratissimum *Ker.* Chine. l.
— cotinifolium *Don.* Népaul. l.
— lantana *L.* Arr^t de Grenoble. l.
— dentatum *L.* Amérique septen: l.
— acerifolium *L.* *Id.* l.
— opulus *L.* Arr^t de Grenoble. l.
— — var. *sterilis.* l.
— edule *Pursh.* Amérique septent. l.
— dahuricum *Pall.* Dahurie. l.

DIERVILLA *Tourn.*
— canadensis *Willd.* Amér. sept. l.
— japonica *DC.* Japon. l.
— — var. *amabilis.* l.

LONICERA *Desf.*
— pallida *Host.* Autriche. l.
— caprifolium *L.* France. l.
— — var. *variegatum.*
— etrusca *Santi.* Arr^t de Grenoble. l.
— periclymenum *L.* *Id.* l.
— Magnevillea *Hort. gall.* l.
— flava *Sims.* Amérique septent. l.

— Brownii *Hort.* Amérique sept. l.
— sempervireus *Ait.* *Id.* l.
— — var. *minor.* l.
— viscidula *Boiss.* Tauride. l.
— chinensis *Wats.* Chine. l.
— tatarica *L.* Tartarie. l.
— pyrenaica *L.* France. l.
— xylosteum *L.* Arr^t de Grenoble. l.
— nigra *L.* *Id.* l.
— Ledebourii *Eschsch.* N.-Calédon. l.
— alpigena *L.* Arr^t de Grenoble. l.
— cœrulea *L.* *Id.* l.
— iberica *Bieb.* Ibérie. l.

LEYCESTERIA *Wall.*
— formosa *Wall.* Népaul. l.

SYMPHORICARPOS *Dill.*
— vulgaris *Mich.* Amérique sept. l.
— racemosus *Mich.* *Id.* l.
— montanus *H. B.* et *K.* Mexique. l.

ABELIA *R. Brown.*
— uniflora *R. Brown.* Chine. l.
— rupestris *Lindl.* Indes orientales. l.

LINNÆA *Gron.*
— borealis *L.* Piémont. p.

ORDRE 83. — **RUBIACÉES.**

BOUVARDIA *Salisb.*
— Jacquini *H. B.* et *K.* Mexique. l.
— leiantha *Benth.* Guatimala. .

GARDENIA *Ellis.*
— florida *L.* var. *fl. pleno.* Chine. l.

PENTAS *Benth.*
— carnea *Benth.* Angola. l.

MITCHELLA *L.*
— repens *L.* Amérique septent. p. l

COFFEA *L.*
— arabica *L.* Arabie. l.

CEPHALANTHUS *L.*
— occidentalis *L.* Amérique sept. l.

SPERMACOCE *Meyer.*
— tenuior *L.* Antilles. a.

DIODIA *L.*
— dasycephala *Ch.* et *Schlech.* Brésil. p.

RICHARDSONIA *Kunth.*
— scabra *St-Hil.* Brésil. p.

SERISSA *Comm.*
— fœtida *Comm.* Chine. l.

PUTORIA *Pers.*
— calabrica *Pers.* Calabre. l.

PHYLLIS *L.*
— nobla *L.* Iles Canaries. l.

ANTHOSPERMUM *L.*
— viscosum *Webb.* Iles Canaries. l.

SHERARDIA *Dill.*
— arvensis *L.* Arr^t de Grenoble. a.

ASPERULA *L.*
— arvensis *L.* Arr^t de Grenoble. a.
— rupestris *Reich.* Dalmatie. p.
— tinctoria *L.* France. p.
— ciliata *Roch.* Banat. p.
— cynanchica *L.* Arr^t de Grenoble. p.
— longiflora *W.* et *K.* Carniole. p.
— hirsuta *Desf.* Algérie. p.
— odorata *L.* Arr^t de Grenoble. p.
— galioides *Bieb.* *Id.* p.

CRUCIANELLA *L.*
— angustifolia *L.* Dauphiné. a.
— suaveolens *C. A. M.* Caucase. p.
— stylosa *Trin.* Perse. p.

RUBIA *L.*
— tinctorum *L.* Dauphiné. p.
— peregrina *L.* Arr^t de Grenoble. p.

6

GALIUM *Scop.*
— lævigatum *L.* Arr¹ de Grenoble. p.
— læve *Thuill.* *Id.* p.
— Fleuroti *Jord.* France. p.
— myrianthum *Jord.* Arr¹ de Gren. p.
— alpicola *Jord.* *Id.* p.
— corrudæfolium *Vill.* Dauphiné. p.
— thymifolium *Boiss.* et *H.* Grèce. p.
— erectum *Huds.* Arr¹ de Grenob. p.
— dumetorum *Jord.* *Id.* p.
— pallidulum *Jord.* France. p.
— elatum *Thuill.* Arr¹ de Grenoble. p.
— insubricum *Gaud.* *Id.* p.
— anisophyllon *Vill.* *Id.* p.
— rotundifolium *L.* *Id.* p.
— rubioides *L.* Allemagne. p.
— boreale *L.* Arr¹ de Grenoble. p.

— verum *L.* Arr¹ de Grenoble. p.
— cruciata *Scop.* *Id.* p.
— divaricatum *Lam.* Dauphiné. a.
— tenuicaule *Jord.* *Id.* a.
— anglicum *Huds.* France. a.
— ruricolum *Jord.* Dauphin². a.
— parisiense *L.* France. a.
— litigiosum *DC.* *Id.* a.
— omissum *Jord.* *Id.* a.
— aparine *L.* Arr¹ de Grenoble. a.
— spurium *L.* France. a.
— tricorne *With.* Arr¹ de Grenoble. a.
— saccharatum *All.* France. a.

VAILLANTIA *DC.*
— hispida *L.* Espagne. a.
— muralis *L.* France. a.

ORDRE 84. — VALÉRIANÉES.

PATRINIA *Juss.*
— heterophylla *Bunge.* Chine. p.
VALERIANELLA *Mœnch.*
— olitoria *Mœnch.* Arr¹ de Grenob. a.
— Soyeri *Buching.* Grèce. a.
— Morisonii *DC.* Arr¹ de Grenoble. a.
— auricula *DC.* Dauphiné. a.
— hamata *Bast.* France. a.
— discoidea *Lois.* *Id.* a.
— vesicaria *Mœnch.* *Id.* a.
— carinata *Lois.* *Id.* a.
FEDIA *Mœnch.*
— cornucopiæ *DC.* Piémont. a.
PLECTRITIS *DC.*
— congesta *DC.* Amérique septent. a.

CENTRANTHUS *DC.*
— angustifolius *DC.* Arr¹ de Gren. p.
— ruber *DC.* France. p.
— — var. *albus.* p.
— macrosiphon *Boiss.* Espagne. a.
— dasycarpus *Kunze.* *Id.* a.
— calcitrapa *Dufr.* Arr¹ de Gren. a.

VALERIANA *Neck.*
— montana *L.* Arr¹ de Grenoble. p.
— saliunca *All.* Dauphiné. p.
— tripteris *L.* Arr¹ de Grenoble. p.
— tuberosa *L.* *Id.* p.
— phu *L.* *Id.* (*subspontané*). p.
— dioica *L.* *Id.* p.
— officinalis *L.* *Id.* p.

ORDRE 85. — DIPSACÉES.

MORINA.
— longifolia *Wall.* Népaul. p.
DIPSACUS *Tourn.*
— sylvestris *Mill.* Arr¹ de Grenob. b.
— laciniatus *L.* *Id.* b.
— fullonum *Mill.* Dauphiné. (*subspontané.*) b.
— azureus *Schrenk.* Songarie. b.
— ferox *Lois.* Corse. b.
— pilosus *L.* Arr¹ de Grenoble. b.
CEPHALARIA *Schrad.*
— alpina *Schrad.* Arr¹ de Grenob. p.
— tatarica *Schrad.* Russie mérid. p.
— — var. *gigantea Coult.* p.
— procera *F.* et *L.* Natolie. p.
— transylvanica *Schrad.* France. a.
— joppensis *Coult.* Orient. a.
— neglecta *Verlot.* a.

— Vaillantii *Schott.* France. a.
— syriaca *Schrad.* Espagne. a.
— centauroides *Coult.* Hongrie. p.
— — var. *corniculata Coult.* p.
— — var. *uralensis DC.* p.
— rigida *Schrad.* Cap. p. l.

KNAUTIA *Coult.*
— orientalis *L.* Orient. a.
— hybrida *Coult.* France. a.
— arvensis *Coult.* (*Jord.*) Ar¹ de Gr. p.
— Timeroyi *Jord.* Dauphiné. b.
— mollis *Jord.* *Id.* b.
— virgata *Jord.* Piémont. b.
— subcanescens *Jord.* Arr¹ de Gren. p.
— carpophylax *Jord.* *Id.* p.

PTEROCEPHALUS *Vaill.*
— papposus *Coult.* var. *calabricus.* a.

SCABIOSA *R.* et *S.*
— caucasica *Bieb.* Caucase. p.
— cretica *L.* Sicile. l.
— rotata *Bieb.* Russie méridionale. a.
— stellata *L.* France. a.
— sicula *L.* Espagne. a.
— ucranica *L.* France. p.
— atropurpurea *L. Id.* a b.
— maritima *L. Id.* a b.
— semipapposa *Salzm.* Espagne. a b.
— ochroleuca *L.* Allemagne. l. p.
— lucida *Vill.* Arr^t de Grenoble. p.
— glabrescens *Jord. Id.* p.

— pratensis *Jord.* A^t de Gren. b. p.
— spreta *Jord. Id.* b. p.
— patens *Jord.* France. b. p.
— pseudole *Jord. Id.* b. p.
— tenuisecta *Jord. Id.* b. p.
— brigantiaca *Jord.* Dauph. b. p.
— permixta *Jord.* France. b. p.
— bannatica *W.* et *K.* Hongrie. b. p.
— suaveolens *Desf.* Dauphiné. p.

S. columbaria des auteurs, en partie.

SUCCISA *Mœnch.*
— australis *Reich.* Piémont. p.
— pratensis *Mœnch.* Arr^t de Gren. p.

ORDRE 8E. — **COMPOSÉES.**

ETHULIA *Cass.*
— angustifolia *Bojer.* Madagascar. a.

VERNONIA *Schreb.*
— scorpioides *Pers.* Brésil. l.
— anthelminthica *Willd.* Ind. or. a.
— novæboracensis *Willd.* Am. sept. o.
— fasciculata *Mich. Id.* o.
— præalta *DC. Id.* o.
— eminens *Bisch. Id.* p.

LAGASCEA *H. B.* et *K.*
— mollis *Cav.* Ile de Cuba. a.

PIQUERIA *Cav.*
— trinervia *Cav.* Mexique.

COELESTINA *Cass.*
— ageratoides *H. B.* et *K.* Mexique. l

AGERATUM *L.*
— conyzoides *L.* Amérique mérid. a
— — var. *mexicanum DC.* a

STEVIA *Cav.*
— eupatoria *Willd.* Mexique. p.
— purpurea *Pers. Id.* p.
— ovata *Lag. Id.* p.
— laxiflora *DC. Id.* p.

PALAFOXIA *Lag.*
— texana *DC.* Texas. a.

LIATRIS *Schreb.*
— squarrosa *Willd.* Amér. septent. p.

EUPATORIUM *Tourn.*
— perfoliatum *L.* Amérique sept. p.
— ternifolium *Ell. Id.* p.
— purpureum *L. Id.* p.
— micranthum *Less.* Mexique. l.
— adenophorum *Spreng. Id.* l.
— glechonophyllum *Less.* Chili. l.
— cordatum *Walt.* Caroline. p.

— aromaticum *L.* Amérique sept. p.
— ageratoides *L. Id.* p.
— serotinum *Mich. Id.* p.
— altissimum *L. Id.* p.
— cannabinum *L.* Ar^t de Grenoble. p.
— variifolium *Bartl.* p.
— corsicum *Requien.* Corse. p.

ADENOSTYLES *Cass.*
— glabra *DC.* Arr^t de Grenoble. p.
— petasites *Bluff.* et *Fing. Id.* p.
— leucophylla *Reich. Id.* p.

HOMOGYNE *Cass.*
— alpina *Cass.* Arr^t de Grenoble. p.

NARDOSMIA *Cass.*
— fragrans *Reich.* France. p.

PETASITES *Tourn.*
— riparia *Jord.* Arr^t de Gren. p.
— pratensis *Jord.* France. p.
— Reuteriana *Jord.* Suisse. p.
— albus *Gærtn.* Arr^t de Grenoble. p.
— niveus *Cass. Id.* p.

P. vulgaris auct. ex parte.

TUSSILAGO *Tourn.*
— farfara *L.* Arr^t de Grenoble. p.

AMELLUS *Cass.*
— annuus *Willd.* Cap de B.-Espér. a.

FELICIA *DC.*
— tenella *Nees.* Cap. a.

AGATHÆA *Cass.*
— amelloides *DC.* Cap. l.

BELLIDIASTRUM *Mich.*
— Michelii *Cass.* Arr^t de Grenoll. p.

ASTER *Nees.*
— alpinus *L.* Arr^t de Grenoble. p.
— novæ-angliæ *L.* Amérique sept. p.

— spurius *Willd*. Amérique sept. p.
— roseus *Desf.* *Id.* p.
— grandiflorus *L.* *Id.* p.
— cordifolius *L.* *Id.* p.
— patulus *Lam.* *Id.* p.
— prenanthoides *Muhl* *Id.* p.
— thyrsiflorus *Hoffm.* *Id.* p.
— tardiflorus *Nees.* *Id.* p.
— novi-belgii *L.* *Id.* p.
— floribundus *Willd.* *Id.* p.
— leucanthemus *Desf.* *Id.* p.
— fragilis *Willd.* *Id.* p.
— coridifolius *Mich.* *Id.* p.
— multiflorus *Ait.* *Id.* p.
— purpuratus *Nees.* *Id.* p.
— tenuifolius *L.* *Id.* p.
— onustus *Nees.* *Id.* p.
— versicolor *Willd.* *Id.* p.
— lævis *L.* *Id.* p.
— lævigatus *Willd.* *Id.* p.
— rubricaulis *Lam.* *Id.* p.
— Moulinsii *De Div.* (*H. Andeg.*) p.
— Boræi *De Div.* (*Id.*) p.

GALATELLA *Cass.*
— hyssopifolia *Nees.* Amér. sept. p.
— punctata *DC.* France. p.
— dracunculoides *DC.* Caucase. p.
— rigida *Cass.* France. p.

CALIMERIS *Nees.*
— incisa *DC.* Sibérie. p.

BIOTIA *DC.*
— Schreberi *DC.* Amérique sept. p.

EURYBIA *Cass.*
— argophylla *Cass.* N.-Hollande. l.

DIPLOSTEPHIUM *Cass.*
— amygdalinum *Cass.* Amér. sept. p.

CALLISTEPHUS *Cass.*
— chinensis *Nees.* Chine. a.

VITTADINIA *Rich.* et *Less.*
— triloba *DC.* Nouvelle-Hollande. p.

ERIGERON *L.*
— speciosum *DC.* Californie. p.
— glabellum *Nutt.* Amérique sept. p.
— canadense *L.* Arrt de Grenoble. a.
— acre *L.* *Id.* b. p.
— alpinum *L.* *Id.* p.
— Villarsii *Bell.* *Id.* p.

STENACTIS *Nees.*
— annua *Nees.* Arrt de Grenob. a. b.

CHARIEIS *Cass.*
— heterophylla *Cass.* Cap. a.

BOLTONIA *L'Hér.*
— glastifolia *L'Hér.* Amér. sept. p.

BELLIS *L.*
— perennis *L.* Arrt de Grenoble. p.

BRACHYCOME *Cass.*
— iberidifolia *Benth.* N.-Hollande. a.
— diversifolia *F.* et *M.* *Id.* b.

MYRIACTIS *Less.*
— Gmelini *DC.* Perse. p.

GABULEUM *Cass.*
— pinnatifidum *DC.* Cap. l.

GRINDELIA *Willd.*
— squarrosa *Dunal.* Amérique sept. p.

CENTAURIDIUM *Torr.* et *Gray.*
— Drummondii *Torr.* et *Gr.* Texas. b.

HETEROTHECA *Cass.*
— inuloides *Cass.* Mexique. b. p.

NEJA *D. Don.*
— falcata *Nees* Brésil. l.

CHRYSOPSIS *Nutt.*
— villosa *Nutt.* Amérique sept. p.

SOLIDAGO *L.*
— procera *Ait.* Amérique septent. p.
— nutans *Desf.* *Id.* p.
— reflexa *Ait.* *Id.* p.
— fragrans *Willd.* *Id.* p.
— glabra *Desf.* *Id.* p.
— gigantea *Ait.* *Id.* p.
— aspera *Ait.* *Id.* p.
— patula *Muhl.* *Id.* p.
— ulmifolia *Muhl.* *Id.* p.
— Muehlenbergii *Tor.* et *Gr.* *Id.* p.
— elliptica *Ait.* *Id.* p.
— sempervirens *L.* *Id.* p.
— Schraderi *DC.* *Id.* p.
— grandiflora *Desf.* *Id.* p.
— rigida *L.* *Id.* p.
— virga-aurea *L.* Arrt de Grenoble. p.
— monticola *Jord.* France. p.
— minuta *L.* Arrt de Grenoble. p.
— lithospermifolia *Willd.* Am. sept. p.
— lævigata *Ait.* *Id.* p.
— mollis *Bartl.* *Id.* p.

LINOSYRIS *Lob.*
— vulgaris *Cass.* Arrt de Grenoble. p.
— punctata *Cass.* Sibérie. p.

CHRYSOCOMA *Cass.*
— coma-aurea *L.* Cap. l.

DICROCEPHALA *DC.*
— latifolia *DC.* Indes orientales. a.

GRANGEA *Adans.*
— maderaspatana *Poir.* Ind. orient. a.

CONYZA *Less.*
— ambigua *DC.* France. a.

BACCHARIS *L.*
— halimifolia *L.* Amérique septent. l.

BRACHYLÆNA *Brown.*
— neriifolia *Brown.* Cap. l.

EVAX *Gœrtn.*
— astericiflora *Pers.* Espagne. a.

MICROPUS *L.*
— supinus *L.* Espagne. a.
— erectus *L.* Arr^t de Grenoble. a.
— bombycinus *Lag.* France. a.

INULA *Gœrtn.*
— helenium *L.* Dauphiné. p.
— conyza *DC.* Arr^t de Grenoble. l. p.
— verbascifolia *Poir.* Caucase. p.
— bifrons *L.* Arr^t de Grenoble. b.
— oculus-Christi *L.* Autriche. p.
— Vaillantii *Vill.* Arr^t de Grenoble. p.
— salicina *L.* Id. p.
— squarrosa *L.* Id. p.
— montana *L.* Id. p.
— graveolens *Desf.* Dauphiné. a.
— crithmoides *L.* France. l.

PULICARIA *Gœrtn.*
— vulgaris *Gœrtn.* Arr^t de Grenob. a.
— dysenterica *Gœrtn.* Id. p.

BUPHTHALMUM *Neck.*
— salicifolium *L.* France. p.
— grandiflorum *L.* Arr^t de Gren. p.

TELEKIA *Baumg.*
— cordifolia *Kit.* Hongrie. p.

ASTERISCUS *Mœnch.*
— aquaticus *Mœnch.* France. a.

PALLENIS *Cass.*
— spinosa *Cass.* France. a. b.

BLAINVILLEA *Cass.*
— rhomboidea *Cass.* Brésil. a.

DAHLIA *Cav.*
— variabilis *Desf.* Mexque. p. (1)
— coccinea *Cav.* Id. p.
— Merkii *Lehm* Id. p.

SIEGESBECKIA *L.*
— orientalis *L.* Chine. a.
— flosculosa *L'Hér.* Pérou. a.

(1) Le jardin possède environ 100 *variétés jardi-nières* de cette espèce.

BALTIMORA *L.*
— recta *L.* Mexique. a.

SILPHIUM *L.*
— laciniatum *L.* Amérique sept. p.
— dissectum *Lam.* Id. p.
— terebinthinaceum *L.* Id. p.
— trifoliatum *L.* Id. p.
— ternatum *Retz.* Id. p.
— perfoliatum *L.* Id. p.
— Hornemanni *Schrad.* Id. p.
— erythrocaulon *Bernh.* Id. p.

BERLANDIERA *DC.*
— texana *DC.* Texas. p. l.

ANGELANDRA *Endl.*
— pinnatifida *Endl.* Texas. p.

MELAMPODIUM *L.*
— rhomboideum *DC.* Amér. mérid. a.
— divaricatum *DC.* Mexique. a.

ACANTHOSPERMUM *Schrank.*
— humile *DC.* Jamaïque. a.

XANTHIUM *Tourn.*
— macrocarpum *DC.* Dauphiné. a.
— italicum *Moretti.* Lombardie. a.
— strumarium *L.* Arr^t de Grenoble. a.
— riparium *Lasch.* a.
— spinosum *L.* Dauphiné. a.

AMBROSIA *Tourn.*
— maritima *L.* Espagne. a.
— trifida *L.* Amérique septent. a.

IVA *L.*
— xanthifolia *Nutt.* Amér. sept. a.

PARTHENIUM *L.*
— integrifolium *L.* Amér. septent. p.
— hysterophorus *L.* Mexique. a.

ZINNIA *L.*
— tenuiflora *Jacq.* Mexique. a.
— verticillata *Andr.* Id. a.
— pauciflora *L.* Pérou. a.
— hybrida *Sims.* Amérique mérid. a.
— elegans *Jacq.* Mexique. a.

WEDELIA *Jacq.*
— hispida *H. B.* et *K.* Mexique. a. b.

MELANTHERA *Rohr.*
— deltoidea *Rich.* Jamaïque. a.

HELIOPSIS *Pers.*
— lævis *Pers.* Amérique septent. p.
— scabra *Dunal.* Id. p.

GUIZOTIA *Cass.*
— oleifera *DC.* Abyssinie. a.

FERDINANDA *Lag.*
— augusta *Lag.* Mexique. l.

ZALUZANIA *Pers.*
— triloba *Pers.* Mexique. p. l.

ECHINACEA *Mœnch.*
— serotina *DC.* Louisiane. p.
— angustifolia *DC.* Texas. p.

RUDBECKIA *Cass.*
— laciniata *L.* Amérique septent. p.
— triloba *L.* *Id.* b.
— lancifolia *Bisch.* *Id.* p.
— speciosa *Wender.* Patrie ignorée. p.

DRACOPIS *Cass.*
— amplexicaulis *Cass.* Mexique. a.

OBELISCARIA *Cass.*
— pinnata *Cass.* Amérique sept. p.

GYMNOPSIS *DC.*
— uniserialis *Hook.* Texas. a.

CHRYSOSTEMMA *Less.*
— tripteris *Less.* Amérique septent. p.

CALLIOPSIS *Reich.*
— tinctoria *DC.* Amérique septent. a.
— Atkinsoniana *Hook.* *Id.* a. b.
— Drummondii *Don.* Texas. a.

COREOPSIS *L.*
— lanceolata *L.* Amérique septent. p.
— coronata *Hook.* Texas. a.
— delphinifolia *Lam.* Amér. sept. p.

COSMIDIUM *Nutt.*
— filifolium *Nutt.* Texas. a.

ACTINOMERIS *Nutt.*
— alternifolia *DC.* Amérique sept. p.
— helianthoides *Nutt.* *Id.* p.

SIMSIA *Pers.*
— subaristata *A. Gray.* Am. sept. a. b.

VIGUIERA *H. B. et K.*
— prostrata *DC.* Amérique sept. p.

HELIANTHUS *L.*
— annuus *L.* Pérou. a.
— argyrophyllus *H. Par.* Texas. a.
— atrorubens *L.* Amérique sept. p.
— orgyalis *DC.* *Id.* p.
— mollis *Lam.* *Id.* p.
— doronicoides *Lam.* *Id.* p.
— decapetalus *L.* *Id.* p.
— trachelifolius *Willd.* *Id.* p.
— giganteus *L.* *Id.* p.
— multiflorus *L.* *Id.* p.

— Maximiliani *Schrad.* Amér. sept. p.
— tuberosus *L.* Brésil. p.

BIDENS *L.*
— tripartita *L.* Arr¹ de Grenoble. a.
— frondosa *L.* Amérique septent. a.
— cernua *L.* Arr¹ de Grenoble. a.
— hirta *Jord.* Dauphiné. a.
— heterophylla *Ort.* Mexique. p.
— leucantha *Willd.* Amér. mérid. a.
— parviflora *Willd.* Sibérie. a.
— grandiflora *Balb.* Mexique. a.
— bipinnata *L.* Amérique septent. a.

COSMOS *Cav.*
— bipinnatus *Cav.* Mexique. a.

PERYMENIUM *Schrad.*
— discolor *Schrad.* Mexique. l.

LINDHEIMERIA *Engelm.*
— texana *Engelm.* Texas. a.

SPILANTHES *Jacq.*
— acmella *L.* Indes orientales. a.
— oleracea *Jacq.* *Id.* a.

XIMENESIA *Cav.*
— encelioides *Cav.* Mexique. a.

SANVITALIA *Lam.*
— procumbens *Lam.* Mexique. a.

SYNEDRELLA *Gœrtn.*
— nodiflora *Gœrtn.* Mexique. a.

BROTEROA *DC.*
— trinervata *Pers.* Amér. mérid. a.

TAGETES *Tourn.*
— lucida *Cav.* Mexique. p.
— patula *L.* *Id.* a.
— erecta *L.* *Id.* a.

GAILLARDIA *Foug.*
— Drummondii *DC.* Texas. a.
— pulchella *Foug.* Louisiane. a.
— lanceolata *Mich.* Amérique sept. p.
— aristata *Pursh.* *Id.* p.

LEPTOPODA *Nutt.*
— brachypoda *Torr.* et *Gray.* Amérique septentrionale. b. p.

ACHYRACHÆNA *Schauer.*
— mollis *Schauer.* Californie. a.

GUTIERREZIA *Lag.*
— gymnospermoides *Hort.* a. b.

ACHYROPAPPUS *H. B. et K.*
— schkuhrioides *Lk* et *Ott.* Mexiq. a.

Schkuhria *Roth.*
— abrotanoides *Roth.* Pérou. a.

Florestina *Cass.*
— pedata *Cass.* Mexique. a.

Cephalophora *Cav.*
— aromatica *Schrad.* Chili. a.

Burrielia *DC.*
— chrysostoma *Torr.* et *Gray.* Calif. a.
— gracilis *DC.* Nouv.-Californie. a.

Lasthenia *Cass.*
— glabrata *Lindl.* Californie. a.

Rancagua *Pœpp.* et *Endl.*
— Bridgesii *Pœpp.* et *Endl.* Chili. a.

Helenium *L.*
— autumnale *L.* Amérique sept. p.
— californicum *H. Bérol.* Califor. b. p.
— tenuifolium *Nutt.* Louisiane. b. p.
— quadridentatum *Labill.* Am. sept. a.

Amblyolepis *DC.*
— setigera *DC.* Texas. a.

Galinsoga *R.* et *Pav.*
— parviflora *Cav.* Pérou. a.
— brachystephana *H. Berol.* Mexiq. a.

Sogalgina *Cass.*
— triloba *Cass.* Mexique. a.

Tridax *L.*
— procumbens *L.* Mexique. a.

Sphenogyne *R. Brown.*
— speciosa *Maund.* Cap. a.

Madia *Mol.*
— sativa *Mol.* Chili. a.

Madaria *DC.*
— elegans *DC.* Californie. a.
— corymbosa *DC.* Am. sept. occ. a.

Callichroa *F.* et *M.*
— platyglossa *F.* et *M.* Californie. a.
— Douglasii *Torr.* et *Gray. Id.* a.

Anthemis *DC.*
— incrassata *Lois.* France. a.
— granatensis *Boiss.* Espagne. a.
— arvensis *L.* Arr^t de Grenoble. a.
— nobilis *L.* Dauphiné. p.
— aurea *DC.* Espagne. p.
— piscinalis *Durieu.* Algérie. p.
— parthenioides *Bernh.* p.
— Gerardiana *Jord.* France. p.
— chia *L.* Grèce. a.

— chrysoleuca *Gay.* a.
— Duriæi *Gay.* Algérie. a.
— Wiedemanniana *F.* et *M.* Natolie. a.
— altissima *DC.* Dauphiné. a.
— rigescens *Willd.* Caucase. p.
— tinctoria *L.* Dauphiné. p.
— austriaca *Jacq.* Autriche. a.

Maruta *Cass.*
— cotula *DC.* Arr^t de Grenoble. a.
— fuscata *DC.* France. a.

Anacyclus *Pers.*
— pyrethrum *DC.* Algérie. p.
— clavatus *Pers.* France. a.
— tomentosus *DC. Id.* a.
— pedunculatus *Pers.* Algérie. a.

Ormenis *Cass.*
— mixta *DC.* France. a.

Cladanthus *Cass.*
— proliferus *DC.* Algérie. a.
— peduncularis *Durieu. Id.* a.

Ptarmica *Tourn.*
— oxyloba *DC.* Tyrol. p.
— nana *DC.* Arr^t de Grenoble. p.
— macrophylla *DC. Id.* p.
— alpina *DC.* Suisse. p.
— impatiens *DC.* Sibérie. p.
— vulgaris *Blackw.* Arr^t de Gren. p.
— speciosa *DC.* Sibérie. p.

Achillea *Neck.*
— millefolium *L.* Arr^t de Grenoble. p.
— setacea *W.* et *K.* Dauphiné. p.
— dentifera *DC. Id.* p.
— ligustica *All.* France. p.
— nobilis *L.* Arr^t de Grenoble. p.
— ageratum *L.* Dauphiné. p.
— filipendulina *Lam.* Caucase. p.
— Gerberi *Bieb.* Russie mérid. p.
— leptophylla *Bieb. Id.* p.
— tomentosa *L.* Arr^t de Grenoble. p.

Santolina *Tourn.*
— incana *Lam.* France. l.
— pinnata *Vis.* Italie septentrionale. l.

Lasiospermum *Lag.*
— radiatum *Trev.* Cap. p. l.

Gamolepis *Less.*
— tageles *DC.* Cap. a.

Leucopsidium *DC.*
— arkansanum *DC.* Amér. sept. p.

Leucanthemum *Tourn.*
— vulgare *Lam.* Arr^t de Grenoble. p.

— latifolium. var. *lacustre DC.* Portugal.   p.
— palmatum *Lam.* France.   p.
— murcicum *Boiss.* Espagne.   a.

PROLONGOA *Boiss.*
— pectinata *Boiss.* Espagne.   a. b.

MATRICARIA *L.*
— nigellæfolia *DC.* Cap.   a. b.
— camomilla *L.* Arr^t de Grenoble. a.
— inodora *L.*   *Id.*   a.
— maritima *L.* France.   a. b.

PYRETHRUM *Gœrtn.*
— arvense *Salzm.* Algérie.   a.
— alpinum *Willd.* Arr^t de Grenob. p.
— ceratophylloides *Ten.* Piémont. p.
— corymbosum *Willd.* Arr^{t}de Gren. p.
— achilleæ *DC.* Ligurie.   p.
— parthenifolium *Willd.* Ibérie. b. p.
— parthenium *Smith.* Arr^t de Gren. p.
— macrophyllum *Willd.* Hongrie. p.
— achilleæfolium *Bieb.* Caucase.   p.
— millefoliatum *Willd.* Russie mér. p.
— indicum *Cass.* Indes orientales. p.
— sinense *Sabin.* Chine.   p.
— multifidum *DC.* Orient.   p.
— tanacetum *DC.* France.   p.

COLEOSTEPHUS *Cass.*
— multicaulis *Durieu.* Algérie.   a.
— macrotus *Durieu.*   *Id.*   a.
— myconis *Cass.* France.   a.

CHRYSANTHEMUM *DC.*
— segetum *L.* Dauphiné.   a.
— Roxburghii *Desf.* Indes orient.   a.
— coronarium *L.* Corse.   a.
— viscosum *Desf.* Espagne.   a.
— carinatum *Schousb.* Barbarie.   a.
— fœniculaceum *DC.* Iles Canaries. l.
— grandiflorum *Willd.*   *Id.*   l.

DIMORPHOTHECA *Vaill.*
— pluvialis *Mœnch.* Cap.   a.

MONOLOPIA *DC.*
— major *DC.* Californie.   a.

CENIA *Commers.*
— microglossa *DC.* Cap.   a.

LONAS *Adans.*
— inodora *Gœrtn.* Algérie.   a.

ARTEMISIA *L.*
— campestris *L.* Arr^t de Grenoble. p.
—   — var. *alpina.*   *Id.*   p.
— subrecta *Jord.* France.   p.
— 'inclinata *Jord.* Arr^t de Grenoble. p.
— brachypoda *Jord.* France.   p.

— dracunculus *L.* Russie mérid.   p.
— desertorum *Spreng.* Sibérie.   p.
— maritima *L.* France.   p. l.
— procera *Willd.* Russie mérid.   l.
— abrotanum *L.* Espagne.   l.
— suavis *Jord.* Dauphiné.   l.
— pontica *L.* Allemagne.   p.
— vulgaris *L.* Arr^t de Grenoble.   p.
— gnaphalodes *Nutt.* Amér. sept.   p.
— atrata *Lam.* Dauphiné.   p.
— Villarsii *Gren.* et *Godr.* Arr^t de Gr. p.
— spicata *Jacq.*   *Id.*   p.
— annua *L.* Sibérie.   a.
— Tournefortiana *Reich.* Orient.   a.
— argentea *L'Hér.* Ile de Madère.   l.
— camphorata *Vill.* Arr^t de Gren. l.
— ambigua *Jord.* Dauphiné.   l.
— incanescens *Jord.* *Id.*   l.
— absinthium *L.* Arr^t de Gren. p. l.

TANACETUM *Less.*
— vulgare *L.* Arr^t de Grenoble.   p.
—   — var. *crispum.*   p.
— boreale *Fisch.* Sibérie.   p.
— pauciflorum *Richards.* Kamstch. a.
— globiferum *DC.* Cap.   a.

PLAGIUS *L'Hér.*
— ageratifolius *L'Hér.* Corse.   l.

ERIOCEPHALUS *L.*
— sericeus *Gaudich.* Cap.   l.

AMMOBIUM *R. Brown.*
— alatum *R. Brown.* N.-Hollande. p.

PODOLEPIS *Labill.*
— gracilis *Grah.* Nouv.-Hollande. a.
— chrysantha *Endl.*   *Id.*   a.

HELICHRYSUM *DC.*
— fœtidum *Cass.* Cap.   b.
— fulgidum *Willd.* *Id.*   b.
— bracteatum *Willd.* N.-Hollande. a.

GNAPHALIUM *D. Don.*
— citrinum *Hook* et *Arn.* Chili. b. p.
— luteo-album *L.* Arr^t de Grenoble. a.
— uliginosum *L.*   *Id.*   a.
— sylvaticum *L.*   *Id.*   p.
— norvegicum *Gunn.* *Id.*   p.

OMALOTHECA *Cass.*
— supina *DC* Arr^t de Grenoble.   p.

FILAGO *Tourn.*
— canescens *Jord.* Arr^t de Gren. a.
— spathulata *Presl.*   *Id.*   a.
— minima *Fries.*   *Id.*   a.
— arvensis *L.*   *Id.*   a.

ANTENNARIA *R. Brown.*
— carpathica *Bl.* et *Fing.* A^t de Gren. p.
— dioica *Gœrtn.* *Id.* p.
— margaritacea *R. Br.* Amér. sept. p.

LEONTOPODIUM *R. Brown.*
— alpinum *Cass.* Arr^t de Grenoble. p.

CARPESIUM *L.*
— cernuum *L.* Arr^t de Grenoble. b. p.

RHYNCOPSIDIUM *DC.*
— sessiliflorum *DC.* Cap. a.

ERECHTITES *Rafin.*
— hieracifolia *Raf.* Amérique sep. a.
— valerianæfolia *DC.* Brésil. a.

EMILIA *Cass.*
— sagittata *DC.* Indes orientales. a.

LIGULARIA *Cass.*
— sibirica *Cass.* France. p.

ARNICA *L.*
— montana *L.* Arr^t de Grenoble. p.

ARONICUM *Neck.*
— scorpioides *DC.* Arr^t de Gren. p.

DORONICUM *L.*
— caucasicum *Bieb.* Caucase. p.
— pardaliauches *L.* Arr^t de Gren. p.
— plantagineum *L.* France. p.
— Gomereanum. Iles Canaries. p.

CACALIA *DC.*
— suaveolens Amérique septent. p

KLEINIA *Less.*
— ficoides *Haw.* Cap. l.
— anteuphorbium *DC.* *Id.* l.
— neriifolia *Haw.* Iles Canaries. l.
— articulata *Haw.* Cap. l.

SENECIO *Less.*
— vulgaris *L.* Arr^t de Grenoble. a.
— viscosus *L.* *Id.* a.
— crassifolius *Willd.* France. a.
— gallicus *Chaix.* Arr^t de Grenob. a.
— erraticus *Bertol.* France. p.
— aquaticus *Huds.* Arr^t de Grenob. p.
— nemorosus *Jord.* France. b. p.
— flosculosus *Jord.* Dauphiné. b. p.
— suecicus *Jord.* Suède. b. p.
— erucæfolius *Huds.* Arr^t de Gren. p.
— brachyatus *Jord.* France. p.
— umbrosus *W.* et *K.* Hongrie. p.
— macrophyllus *Bieb.* Russie mér. p.
— doria *L.* Arr^t de Grenoble. p.
— eudorus *DC.* Patrie inconnue. p.
— paludosus *L.* Arr^t de Grenoble. p.

— Fuchsii *Gmel.* Arr^t de Grenoble. p.
— nemorensis *L.* *Id.* p.
— coriaceus *Ait.* Orient. p.
— cineraria *DC.* France. l.
— gibbosus *DC.* Sicile. l.
— incanus *L.* Arr^t de Grenoble. p.
— doronicum *L.* *Id.* p.
— mikanioides *Otto* et *Walp.* Cap. l.
— pseudo-elegans *Less.* Cap. a. b.
— Heritieri *DC.* Iles Canaries. l.
— cruentus *DC.* *Id.* p.
— tussilaginis *Lindl.* *Id.* a. b.
— Clauseni *Dne.* Brésil. l.
— petasitis *DC.* Mexique. l.

CALENDULA *Neck.*
— officinalis *L.* Espagne. a.
— maritima *Guss.* Sicile. a.
— arvensis *L.* Dauphiné. a.
— stellata *Cav.* Espagne. a.

TRIPTERIS *Less.*
— cheiranthifolia *C. H. Schultz.* a.

OTHONNA *L.*
— cheirifolia *L.* Barbarie. l.

VENIDIUM *Less.*
— calendulaceum *Less.* Cap. a. b.

CRYPTOSTEMMA *R. Brown.*
— hypochondriacum *R. Brown.* Cap. a.

GAZANIA *Gœrtn.*
— uniflora *Sims.* Cap. l.

ECHINOPS *L.*
— exaltatus *Schrad.* Russie. b. p.
— tricholepis *Schrenk.* Songarie. b. p.
— ritro *L.* Arr^t de Grenoble. p.
— sphærocephalus *L.* Dauphiné. p.
— cornigerus *DC.* Himalaya. p.

XERANTHEMUM *Tourn.*
— radiatum *Lam.* France. a.
— erectum *Presl.* Dauphiné. a.
— — var. *Reboudianum.* Algér. a (1)
— cylindraceum *Sibth.* et *Sm.* France. a.

CHARDINIA *Desf.*
— xeranthemoides *Desf.* Orient. a.

SAUSSUREA *DC.*
— discolor *DC.* Arr^t de Grenoble. p.
— depressa *Gren.* Dauphiné. p.

APLOTAXIS *DC.*
— albescens *DC.* Népaul. p.

(1) Cette variété se distingue du type par ses demi-fleurons, plus longs et plus étroits, d'un violet plus foncé, et par ses écailles de l'involucre, plus fortement colorées sur le dos. Nous l'avons obtenue de graines envoyées d'Algérie par M. V. Reboud.

CARLINA *Tourn.*
— acanthifolia *All.* Arr^t de Grenob. p.
— subacaulis *DC.* *Id.* p.
— vulgaris *L.* *Id.* b.
— longifolia *Reich.* France. b.

ATRACTYLIS *L.*
— cespitosa *Desf.* Algérie. l.

COUSINIA *Cass.*
— hystrix *C. A. M.* Perse. p.

AMBERBOA *DC.*
— muricata *DC.* Espagne. a.
— odorata *DC.* Perse. a.
— moschata *DC.* Grèce. a.

ZOEGEA *L.*
— leptaurea *L.* Orient. a.

MICROLONCHUS *DC.*
— elatus *Spach.* b. p.
— Clusii *Spach.* France. b. p.
— tenellus *Spach.* Algérie. a.

CRUPINA *Cass.*
— Morisii *Boreau.* Corse. a.
— vulgaris *Cass.* Arr^t de Grenoble. a.

CENTAUREA *L.*
— africana *Lam.* Algérie. p.
— babylonica *Lam.* Orient. p.
— macrocephala *Mus.-Pus.* Ibérie. p.
— splendens *L.* Espagne. b. p.
— alba *L.* *Id.* b. p.
— deusta *Ten.* Sicile. b. p.
— amara *L.* Arr^t de Grenoble. p.
— jacea *L.* *Id.* p.
— pratensis *Thuill.* France. p.
— decipiens *Reich.* *Id.* p.
— nigrescens *Willd.* *Id.* p.
— nemoralis *Jord.* *Id.* p.
— obscura *Jord.* *Id.* p.
— austriaca *Willd.* Autriche. p.
— phrygia *L.* Allemagne. p.
— pseudo-phrygia *C. A. M.* p.
— nervosa *Willd.* Arr^t de Grenob. p.
— uniflora *L.* Dauphiné. p.
— americana *Nutt.* Amér. sept. a.
— dealbata *Willd.* Caucase. p.
— involucrata *Desf.* Algérie. a.
— cyanus *L.* Arr^t de Grenoble. a.
— depressa *Bieb.* Ibérie. a.
— montana *L.* Arr^t de Grenoble. p.
— lugdunensis *Jord.* *Id.* p.
— Huetii *Boiss.* Arménie. p.
— axillaris *Willd.* Arr^t de Grenoble. p.
— scabiosa *L.* *Id.* p.
— corymbosa *Pourr.* France. b.
— tenuisecta *Jord.* *Id.* b.
— leucophœa *Jord.* Dauphiné. b.

— paniculata *L.* Arr^t de Grenoble. b.
— polycephala *Jord.* France. b.
— Mierghii *Jord.* *Id.* b.
— pedemontana *Jord.* Piémont. b.
— vallesiaca *Jord.* Suisse. b.
— desmicephala *Fzl.* Taurus. a. b.
— calocephala *Willd.* Russie mér. p.
— atropurpurea *W. et K.* Hongrie. p.
— Grafiana *DC.* Carniole. p.
— diluta *Ait.* Espagne. a.
— crocodylium *L.* Ile de Crète. a.
— verutum *L.* Orient. a.
— eriophora *L.* Espagne. a.
— melitensis *L,* France. a.
— solstitialis *L.* Arr^t de Grenob. a.
— pallescens *Delile.* Egypte. a.
— calcitrapa *L.* Arr^t de Grenoble. b.
— iberica *Trev.* Ibérie. b.
— Fontanesii *Spach.* Algérie. p.
— aspera *L.* Dauphiné. p.

CNICUS *Vaill.*
— benedictus *L.* France. a.

KENTROPHYLLUM *Neck.*
— lanatum *DC.* et *Dub.* Ar^t de Gren. a.
— tauricum *F.* et *M.* Russie mérid. a.
— leucocaulon *DC.* Grèce. a.

CARTHAMUS *Tourn.*
— tinctorius *L.* Indes orientales. a.

CARDUNCELLUS *Adans.*
— mitissimus *DC.* France. p.

SILYBUM *Vaill.*
— marianum *Gœrtn.* France. a.
— eburneum *Coss.* Algérie. a.

GALACTITES *Mœnch.*
— tomentosa *Mœnch.* France. a.
— mutabilis *Duricu.* Algérie. a.
— Duriæi *Spach.* *Id.* a.

TYRIMNUS *Cass.*
— leucographus *Cass.* France. a.

ONOPORDON *Vaill.*
— acanthium *L.* Arr^t de Grenoble. b.
— elongatum *Lam.* Dauphiné. b.
— polycephalon *Boiss.* Mt Taurus. b.

BOURGÆA *Coss.*
— humilis *Coss.* Espagne. p.

CYNARA *Vaill.*
— scolymus *L.* Grèce. p.
— cardunculus *L.* France. p.

CARDUUS *Gœrtn.*
— nutans *L.* Arr^t de Grenoble. b.
— australis *Jord.* France. b.

— acanthoides *L.* France. b.
— multiflorus *Gaud. Id.* b.
— crispus *L.* Arr^t de Grenoble. b.
— tenuiflorus *Smith.* Dauphiné. a. b.
— defloratus *L.* Arr^t de Grenoble. p.
— summanus *Poll.* Lombardie. p.
— personata *Jacq.* Arr^t de Grenob. b.

CIRSIUM *Tourn.*
— spathulatum *Gaud.* Piémont. b.
— ciliatum *Bieb.* Russie mérid. p.
— lanceolatum *Scop.* Arr^t de Gren. b.
— crinitum *Boiss.* France. b. p.
— ferox *DC.* Arr^t de Grenoble. b.
— eriophorum *Scop. Id.* b.
— polyanthemum *DC.* Corse. p.
— flavispina *Boiss.* Espagne. p.
— arvense *Scop.* Arr^t de Grenoble. p.
— monspessulanum *All. Id.* p.
— palustre *Scop. Id.* p.
— hybridum *Koch.* France. p.
— oleraceum *All.* Dauphiné. p.
— erisithales *Scop.* France. p.
— palustri-erisithales *Nægel. Id.* p.
— rivulare *Link.* Arr^t de Grenob e. p.
— bulbosum *DC. Id.* p.
— medium *All. Id.* p.
— acaule *All. Id.* p.
— — var. *caulescens. Id.* p.
— heterophyllum *DC.* Dauphiné. p.
— — var. *helenioides All.* p.

CHAMÆPEUCE *Pr. Alp.*
— stellata *DC.* Espagne. a.

NOTOBASIS *Cass.*
— syriaca *Cass.* Corse. a.

ECHENAIS *Cass.*
— nutans *Cass.* Caucase. b.
— Sieversii *F. et M.* Songarie. b.

LAPPA *Tourn.*
— tomentosa *Lam.* Arr^t de Gren. b.
— Kotschyi *Boiss.* Orient. b.
— major *Gærtn.* Arr^t de Grenoble. b.
— minor *DC. Id.* b.

RHAPONTICUM *DC.*
— cynaroides *Less.* France. p.
— heleniifolium *Godr.* et *Gr.* Dauph. p.
— scariosum *Lam.* Arr^t de Grenob. p.
— pulchrum *F. et M.* Caucase. p.

LEUZEA *DC.*
— conifera *DC.* Arr^t de Grenoble. b.

ALFREDIA *Cass.*
— cernua *Cass.* Sibérie. p.
— stenolepis *Kar.* et *Kir.* M^{ts} Altaï. p.

SERRATULA *DC.*
— tinctoria *L.* Arr^t de Grenoble. p.
— arguta *Fisch.* p.
— coronata *L.* Russie méridionale. p.
— quinquefolia *Bieb.* Caucase. p.
— centauroides *L.* Sibérie. p.
— radiata *Bieb.* Hongrie. p.
— nudicaulis *DC.* Dauphiné. p.

JURINEA *Cass.*
— alata *Cass.* Caucase. b.

MUTISIA *L.*
— speciosa *Hook.* Brésil. l.

STIFTIA *Mikan.*
— chrysantha *Mikan.* Brésil. l.

LEUCERIA *Lag.*
— senecioides *Hook.* Chili. a.

MOSCHARIA *R. et P.*
— pinnatifida *R. et Pav.* Chili. a.

SCOLYMUS *Tourn.*
— maculatus *L.* Dauphiné. a.
— hispanicus *L. Id.* b.

LAMPSANA *Tourn.*
— communis *L.* Arr^t de Grenoble. a.
— grandiflora *Bieb.* Tauride. b. p.

RHAGADIOLUS *Tourn.*
— stellatus *Willd.* Dauphiné. a.
— — var. *edulis.* a.

KOELPINIA *Pall.*
— linearis *Pall.* Algérie. a.

ARNOSERIS *Gærtn.*
— pusilla *Gærtn.* Arr^t de Grenoble. a.

HYOSERIS *Juss.*
— microcephala *Cass.* France. a.
— radiata *L. Id.* b. p.

HEDYPNOIS *Tourn.*
— cretica *Willd.* France. a.
— polymorpha *DC. Id.* a.

APOSERIS *Neck.*
— fœtida *Less.* Arr^t de Grenoble. p.

CATANANCHE *Vaill.*
— cœrulea *L.* Arr^t de Grenoble. p.
— lutea *L.* Espagne. a.

CICHORIUM *Tourn.*
— intybus *L.* Arr^t de Grenoble. b. p.
— endivia *Willd.* Indes orient. a. b.

TOLPIS *Bivona.*
— barbata *Gærtn.* France. a.
— coronopifolia *Biv.* Iles Canaries. a.

MICROSERIS *Don.*
— pygmæa *Hook* et *Arn.* Chili.   a.

HYPOCHÆRIS *DC.*
— glabra *L.* Dauphiné.   a.
— neapolitana *DC.* Naples.   p.
— radicata *L.* Arr^t de Grenoble.   p.

ACHYROPHORUS *Scop.*
— pinnatifidus *DC.* Corse.   p.
— maculatus *Scop.* Arr^t de Gren.   p.

METABASIS *DC.*
— æthnensis *DC.* France.   a.

THRINCIA *Roth.*
— hirta *DC.* Arr^t de Grenoble.   a. b.

KALBFUSSIA *C. H. Schultz.*
— Mulleri *C. H. Schultz.* Sicile.   a.

LEONTODON *Juss.*
— pyrenaicum *Gouan.* Arr^t de Gr.   p.
— hastile *L.*   *Id.*   p.
— hispidum *L.*   *Id.*   p.
— incanum *DC.* Dauphiné.   p.
— crispum *Vill.* Arr^t de Grenob. b. p.
— Villarsii *Lois.* Dauphiné.   p.

APARGIA *Less.*
— taraxaci *Willd.* Arr^t de Gren.   p.

OPORINIA *Don.*
— autumnalis *Don.* Arr^t de Gren.   p.

PODOSPERMUM *DC.*
— Jacquinianum *Koch.* Sicile. b. p.
— calcitrapifolium *DC.* Arr^t de
   Grenoble.   b. p.
— laciniatum *DC.*   *Id.*   b.

GEROPOGON *L.*
— glabrum *L.* France.   a.

TRAGOPOGON *Tourn.*
— australis *Jord.* France.   b.
— stenophyllus *Jord. Id.*   b.
— pratensis *L.* Arr^t de Grenoble. b.
— orientalis *L.*   *Id.*   b.
— crocifolius *L.*   *Id.*   b.
— mutabile *Wulf.* Russie mérid.   b.

UROSPERMUM *Scop.*
— Dalechampii *Desf.* Dauphiné.   p.
— picroides *Desf.* France.   a.

SCORZONERA *DC.*
— undulata *Vahl.* Algérie.   p.
— austriaca *Willd.* Arr^t de Gren.   p.
— hispanica *L.* France.   p.
— montana *Mutel.* Arr^t de Grenob. p.
— villosa *Scop.* Lombardie.   p.
— hirsuta *L.* France.   p.
— criosperma *Bieb.* Caucase.   p.

PICRIS *Juss.*
— hieracioides *L.* Arr^t de Grenob. b.
— arvalis *Jord.* Dauphiné.   b.
— crepoides *Sauter.* France.   b.
— pinnatifida *Jord.*   *Id.*   b.
— stricta *Jord.*   *Id.*   b.
— Villarsii *Jord.* Dauphiné.   b.
— lævis *C. A. Mey.* Caucase.   p.
— sprengeriana *Lam.* France.   a.

HELMINTHIA *Juss.*
— Balansæ *Durieu.* Algérie.   a.
— echioides *Gœrtn.* Arr^t de Gren. a.

LACTUCA *Tourn.*
— perennis *L.* Arr^t de Grenoble.   p.
— Chaixi *Vill.* Dauphiné.   b.
— augustana *All.* Piémont.   a.
— dubia *Jord.* Arr^t de Grenoble.   a.
— scariola *L.*   *Id.*   a.
— pseudo-virosa *Schultz.*   a.
— virosa *L.* Arr^t de Grenoble.   b.
— flavida *Jord.*   *Id.*   b.
— nevadensis *Jord.* Espagne.   b.
— livida *Boiss.* et *Reut. Id.*   b.
— cracoviensis *Visiani.* Pologne.   a.
— capitata *DC.* Patrie inconnue.   a.
— sativa *L.* Indes orientales.   a.
— viminea *Link.* France.   b.
— chondrillæflora *Boreau.* Arr^t de
   Grenoble.   b.
— muralis *Fres.*   *Id.* a. b.

CHONDRILLA *L.*
— juncea *L.* Arr^t de Grenoble. b. p.
— brevirostris *F.* et *M.* Sibérie. b. p.
— latifolia *Bieb.* France.   b. p.

PYRRHOPAPPUS *DC.*
— carolinianus *Nutt.* Amér. sept.   a.

TARAXACUM *Hall.*
— dens-leonis *Desf.* Arr^t de Gren. p.
— affine *Jord.*   *Id.*   p.
— rubrinerve *Jord.*   *Id.*   p.
— commutatum *Jord.* France.   p.
— maculatum *Jord.*   *Id.*   p.
— lævigatum *Willd.* Arr^t de Gren. p.
— palustre *DC.*   *Id.*   p.

BARKHAUSIA *Mœnch.*
— alpina *DC.* Piémont.   a.
— taraxacifolia *DC.* Arr^t de Gren. b.
— setosa *DC.* Dauphiné.   a.
— leontodontoides *Reich.* France.   b.
— rubra *Mœnch.* Dalmatie.   a.
— prostrata *Dumort.* Belgique. a. b.
— fœtida *DC.* Arr^t de Grenoble.   a.
— rhæadifolia *Bieb.* Russie mérid.   a.

CREPIS *Mœnch*.
— pulchra *L.* Arr^t de Grenoble. a.
— lacera *Ten.* Italie. b. p.
— virens *Vill.* Arr^t de Grenoble. a.
— parviflora *Desf.* Orient. a.
— tectorum *L.* France. a.
— niœensis *Balb.* Arr^t de Gren. a.
— biennis *L.* *Id.* b.
— grandiflora *Frœl.* *Id.* p.
— blattarioides *Vill.* *Id.* p.
— sibirica *L.* Allemagne. p.
— Columnæ *Frœl.* Calabre. p.
— aurea *Cass.* Arr^t de Grenoble. p.
— pygmæa *L.* *Id.* p.
— paludosa *Mœnch.* *Id.* p.
— chondrilloides *Jacq.* Autriche. p.
— montana *Reich.* Arr^t de Gren. p.

ZACINTHA *Tourn.*
— verrucosa *Gœrtn.* France. a.

ENDOPTERA *DC.*
— Dioscoridis *DC.* Piémont. a.
— aspera *DC.* Italie méridionale. a.

PTEROTHECA *Cass.*
— nemausensis *Cass.* Dauphiné. a.

PICRIDIUM *Desf.*
— tingitanum *Desf.* Espagne. a.
— vulgare *Desf.* France. a.

SONCHUS *Cass.*
— ciliatus *Lam.* Arr^t de Grenoble. a.
— asper *Vill.* *Id.* a.
— tenerrimus *L.* France. a.
— arvensis *L.* Arr^t de Grenoble. p.
— palustris *L.* France. p.
— Jacquini *DC.* Iles Canaries. l.
— congestus *Willd.* *Id.* l.

PRENANTHES *Vaill.*!
— purpurea *L.* Arr^t de Grenoble. p.

CHLOROCREPIS *Griseb.*
— staticefolia *Griseb.* Arr^t de Gren. p.

HIERACIUM *L.*
— pilosella *L.* Arr^t de Grenoble. p.
— Pelleterianum *DC.* *Id.* p.
— stoloniferum *W.* et *K.* Allemagn. p.
— bifurcum *Bieb.* *Id.* p.
— auricula *L.* Arr^t de Grenoble. p.
— Bauhini *Bess.* Podolie. p.
— præaltum *Vill.* Arr^t de Gren. p.
— piloselloides *Vill.* *Id.* p.
— Sartorianum *Boiss.* Orient. p.
— cymosum *L.* (selon *Fries*). Suède. p.
— Nestleri *Vill.* Arr^t de Grenoble. p.
— glaciale *Lachen.* *Id.* p.
— Sabinum *Scb.* et *Maur.* Dauph. p.

— Schraderi *DC.* Arr^t de Grenoble. p.
— glabratum *Hopp.* *Id.* p.
— villosum *L.* *Id.* p.
— speciosum *Horn.* Suisse. p.
— bupleuroides *Gmel.* *Id.* p.
— politum *Fries.* Arr^t de Grenob. p.
— calcareum *Bernh.* p.
— rupestre *All.* Dauphiné. p.
— prenanthoides *Vill.* Arr^t de Gren. p.
— Jacquini *Vill.* *Id.* p.
— amplexicaule *L.* *Id.* p.
— pulmonarioides *Vill.* *Id.* p.
— cerinthoides *L.* France. p.
— rhomboidale *Lapey.* *Id.* p.
— longifolium *Schleich.* Suisse. p.
— Lawsonii *Vill.* Arr^t de Grenoble. p.
— lanatum *Vill.* *Id.* p.
— andryaloides *Vill.* *Id.* p.
— Kochianum *Jord.* *Id.* p.
— Schmidtii *Tausch.* Bohême. p.
— Verloti *Jord.* Arr^t de Grenoble. p.
— cinerascens *Jord.* France. p.
— nemorense *Jord.* Arr^t de Gren. p.
— oblongum *Jord.* France. p.
— medium *Jord.* Dauphiné. p.
— rarinœvum *Jord.* *Id.* p.
— fallens *Jord.* France. p.
— glaucinum *Jord.* Arr^t de Gren. p.
— petiolare *Jord.* France. p.
— laciniosum *Jord.* Dauphiné. p.
— divisum *Jord.* France. p.
— umbrosum *Jord.* Dauphiné. p.
— sylvicola *Jord.* *Id.* p.
— commixtum *Jord.* France. p.
— approximatum *Jord.* *Id.* p.
— argillaceum *Jord.* *Id.* p.
— acuminatum *Jord.* *Id.* p.
— vulgatum *Fries.* Suède. p.
— hispidum *Forsk.* Turquie. p.
— elatum *Fries.* Suède. p.
— patulum *Jord.* France. p.
— firmum *Jord.* *Id.* p.
— tridentatum *Fries.* Suède. p.
— gothicum *Fries.* *Id.* p.
— rigidum *Hartm.* Allemagne. p.
— monticola *Jord.* Arr^t de Gren. p.
— umbellatum *L.* *Id.* p.
— lactaris *Bertol.* Italie. p.
— latifolium *Frœl.* France. p.
— virosum *Pall.* Hongrie. p.
— corymbosum *Pers.* p.
— œstivum *Fries.* Suède. p.
— auratum *Fries.* *Id.* p.
— beugesiacum *Jord.* France. p.
— vagum *Jord.* *Id.* p.
— dissitum *Jord.* Arr^t de Grenoble. p.
— salticolum *Jord.* France. p.
— rigens *Jord.* *Id.* p.

— occitanicum *Jord.* France. p.
— virgultorum *Jord.* *Id.* p.
— curvidens *Jord.* *Id.* p.
— dumosum *Jord.* Arr^t de Gren. p.
— gallicum *Jord.* France. p.
— .erythrocaulon *Jord.* (H. *sabaudum* auct. ex parte.) p.
— lycopifolium *Frœl.* France. p.

ANDRYALA *L.*
— sinuata *L.* Dauphiné. b.

MULGEDIUM *Cass.*
— alpinum *Less.* Arr^t de Grenoble. p.
— Plumieri *DC.* *Id.* p.
— macrophyllum *DC.* Amér. sept. p.

ORDRE 87. — LOBÉLIACÉES.

LOBELIA *L.*
— erinus *L.* Cap. a. b.
— bicolor *Sims. Id.* b. p.
— syphilitica *L.* Amérique septent. p.
— fulgens *Willd.* Mexique. p.
— cardinalis *L.* Amérique septent. p.

TUPA *G. Don.*
— crassicaulis *Hook.* l.

SIPHOCAMPYLUS *Pohl.*
— bicolor *G. Don.* Géorgie. p. l.

ISOTOMA *Lindl.*
— axillaris *Lindl.* N-Hollande. b. p.

ORDRE 88. — CAMPANULACÉES.

JASIONE *L.*
— montana *L.* Arr^t de Grenob. a. b.

PLATYCODON *Alph. DC.*
— grandiflorum *Alph. DC.* Sibérie. p.

WAHLENBERGIA *Schrad.*
— lobelioides *Alph. DC.* Il. Canar. a.
— vincæflora *Dne.* Nouv.-Hollande. a.

PHYTEUMA *L.*
— hemisphæricum *L.* Ar^t de Gren. p.
— orbiculare *L.* *Id.* p.
— Charmelii *Vill.* *Id.* p.
— scorzonerifolium *Vill.* *Id.* p.
— betonicæfolium *Vill.* *Id.* p.
— spicatum *L.* *Id.* p.
— canescens *W.* et *K.* Hongrie. p.

MICHAUXIA *L'Hér.*
— campanuloides *L'Hér.* Orient. b. p.
— thyrsoidea *Boiss.* et *Heldr.* *Id.* b. p.

CAMPANULA *L.*
— medium *L.* Arr^t de Grenoble. b.
— alliariæfolia *Willd.* Orient. p.
— Grossekii *Heuff.* Hongrie. p.
— sibirica *L.* Piémont. b.
— glomerata *L.* Arr^t de Grenoble. p.
— thyrsoides *L.* *Id.* b.
— latifolia *L.* *Id.* p.
— macrantha *Fisch.* Russie. p.
— trachelium *L.* Arr^t de Grenob. p.

— rapunculoides *L.* *Id.* p.
— bononiensis *L.* Dauphiné. p.
— rhomboidalis *L.* Arr^t de Gren. p.
— rotundifolia *L.* *Id.* p.
— pusilla *Hœnk.* *Id.* p.
— gracilis *Jord.* Dauphiné. p.
— subracemosa *Jord.* France. p.
— pyramidalis *L.* Lombardie. b. p.
— grandis *F.* et *M.* Natolie. p.
— persicæfolia *L.* Arr^t de Grenob. p.
— carpatica *Jacq.* Transylvanie. p.
— rapunculus *L.* Arr^t de Grenoble. b.
— patula *L.* *Id.* b.
— Loreyi *Poll.* Dalmatie. a.
— olympica *Boiss.* Orient. p.

GLOSSOCOMIA *Don.*
— lurida *Lindl.* Himalaya. p.

SPECULARIA *Alph. DC.*
— pentagonia *Alph. DC.* Orient. a.
— falcata *Alph. DC.* France. a.
— speculum *Alph. DC.* Ar^t de Gren. a.
— perfoliata *Alph. DC.* Amér. sept. a.

TRACHELIUM *L.*
— cœruleum *L.* Espagne. p.

ADENOPHORA *Fisch.*
— Lamarckii *Fisch.* Sibérie. p.
— lilifolia *Ledeb.* Prusse. p.
— coronopifolia *Fisch.* Dahurie. p.

ORDRE 89. — GOODENOVIÉES.

EUTHALES *R. Brown.*
— macrophylla *Lindl.* N.-Holl. b. p.

ORDRE 90. — GESNERIACÉES.

GESNERIA *Mart.*
— elongata *H. B. et K.* Am. mér. l.
— Lindleyi *Hook.* Brésil. p.
— mollis *H. B. et K.* N.-Grenade. p.
— magnifica *Otto et Dietr.* Brésil. p.
— Delaireana *Hort.* p.
— longifolia *Lindl.* Guatimala. p.
— zebrina *Paxt.* Amérique mérid. p.

GLOXINIA *L'Hér.*
— tubiflora *Hook.* Buénos-Ayres. p.
— caulescens *Lindl.* Amér. mérid. p.
— speciosa *Lodd.* Brésil. p.

SCHEERIA *Seem.*
— mexicana *Seem.* Mexique. ɔ.

ACHIMENES *Brown.*
— coccinea *Pers.* Jamaïque. ᴘ.
— rosea *Lindl.* Guatimala. ᴘ.
— grandiflora *DC.* Mexique. ᴘ.
— longiflora *DC.* *Id.* ᴘ.
— hirsuta *DC.* Guatimala. ᴘ.
— pedunculata *Benth.* *Id.* ᴘ.
— ignescens *Lem.* Mexique. ᴘ.

— picta *Benth.* *Id.* p.
— argyrostigma *Hook.* N.-Grenad. p.
— urticæfolia *Pœpp. et Endl.* Pérou. p. (1)

NIPHÆA *Lindl.*
— oblonga *Lindl.* Guatimala. p.

MITRARIA *Cav.*
— coccinea *Cav.* Chiloé. l.

COLUMNEA *Plum.*
— Schiedeana *Schlecht.* Mexique. l.
— crassifolia *Ad. Brongn.* l.

CHRYSOTHEMIS *Dne.*
— aurantiaca *Dne.* Amér. mérid. ? p.

DRYMONIA *Mart.*
— punctata *Lindl.* Guatimala. l.

NEMATANTHUS *Schrad.*
— Guilleminii *Ad. Brongn.* Brésil. l.

ALLOPLECTUS *Mart.*
— luridus *Hort.* l.

ORDRE 91. — NAPOLÉONÉES.

NAPOLEONA *Beauv.*
— Heudeloti *Adr. Juss.* Sénégamb. l.

ORDRE 92. — VACCINIÉES.

VACCINIUM *L.*
— vitis-idæa *L.* Arrᵗ de Grenoble. l.
— buxifolium *Salisb.* Virginie. l
— amœnum *Ait.* Amérique sept. l.
— pensylvanicum *Lam.* *Id.* l.
— myrtillus *L.* Arrᵗ de Grenoble. l.

— uliginosum *L.* *Id.* l.
— sibiricum *Hort.* l.

OXYCOCCUS *Pers.*
— palustris *Pers.* Arrᵗ de Grenoble. l.
— macrocarpus *Pers.* Amér. sept. l.

ORDRE 93. — ERICACÉES.

ARBUTUS *Tourn.*
— unedo *L.* France. l.
— andrachne *L.* Grèce. l.

ARCTOSTAPHYLOS *Gal.*
— uva-ursi *Spreng.* Arrᵗ de Gren. l.

CLETHRA *Gœrtn.*
— alnifolia *L.* Amérique septent. l.
— tomentosa *Lam.* *Id.* l.
— acuminata *Mich.* *Id.* l.
— arborea *Ait.* Madère. l.

GAULTHERIA *Kalm.*
— Shallon *Pursh.* Amérique sept. l.

ZENOBIA *D. Don.*
— speciosa *D. Don.* Amérique sept. l.

LYONIA *Nutt.*
— salicifolia *Wats.* Amérique sept. l.

(1) Outre les 10 espèces d'*achimenes* ci-dessus citées, le jardin botanique possède encore environ 45 *hybrides jardinières*, dérivant des 8 premières espèces.

LEUCOTHOE *DC.*
— axillaris *D. Don.* Amérique sept. l.
— spinulosa *D. Don.*   *Id.*   l.

ANDROMEDA *L.*
— polifolia *L.* France.   l.

CASSANDRA *D. Don.*
— calyculata *D. Don.* Allemagne. l.

CALLUNA *Salisb.*
— vulgaris *Salisb.* Arrᵗ de Grenob. l.

ERICA *L.*
— carnea *L.* Piémont.   l.
— multiflora *L.* France.   l.
— vagans *L.* Dauphiné.   i.
— caffra.   l.

DABOECIA *D. Don.*
— polifolia *D. Don.* France.   l.

LOISELEURIA *Desv.*
— procumbens *Desv.* Arrᵗ de Gren. l.

AZALEA *Desv.*
— viscosa *L.* Amérique septent. l.
— calendulacea *Mich.* *Id.* l.
— pontica *L.* Caucase. l.

RHODODENDRON *L.*
— arboreum *Smith.* Indes orient. l.
— formosum *Wall.* Bengale. l.
— ponticum *L.* Asie mineure. l.
— maximum *L.* Amérique septent. l.
— catawbiense *Mich.*   *Id.* l.
— punctatum *Andr.*   *Id.* l.
— ferrugineum *L.* Arrᵗ de Grenob. l.
— hirsutum *L.* Suisse. l.
— kamtschaticum *Pall.* Kamtschat. l.
— indicum *Sweet.* Java. l.

KALMIA *L.*
— latifolia *L.* Amérique septent. l.

LEDUM *L.*
— palustre *L.* France. l.
— latifolium *Ait.* Amérique sept. l.

ORDRE 94. — EPACRIDÉES.

LEUCOPOGON *R. Brown.*
— parviflorus *Lindl.* N.-Hollande. l.

ORDRE 95. — PYROLACÉES.

PYROLA *Salisb.*
— rotundifolia *L.* Arrᵗ de Grenob. p.
— chlorantha *Swartz.* *Id.* p.
— media *Swartz.* *Id.* p.

— minor *L.*   *Id.* p.
— secunda *L.*   *Id.* p.

MONESES *Salisb.*
— grandiflora *Salisb.* Arrᵗ de Gren. p.

ORDRE 96. — FRANCOACÉES.

FRANCOA *Cav.*
— sonchifolia *Cav.* Chili.   p. l.

SOUS-CLASSE 3. — COROLLIFLORES.

ORDRE 97. — PRIMULACÉES.

PRIMULA *L.*
— sinensis *Lindl.* Chine.   p.
— officinalis *Jacq.* Arrᵗ de Grenob. p.
— elatior *Jacq.*   *Id.* p.
— grandiflora *Lam.*   *Id.* p.
— auricula *L.*   *Id.* p.
— marginata *Curt.* Dauphiné. p.
— villosa *Jacq.* (*H. Paris,*) Autrich. p.
— latifolia *Lap.* Arrᵗ de Grenoble. p.

— helvetica *Schleich.* Suisse. p.
— farinosa *L.* Arrᵗ de Grenoble. p.

GREGORIA *Duby.*
— vitaliana *Duby.* Arrᵗ de Gren. p.

ANDROSACE *L.*
— villosa *L.* Arrt de Grenoble. p.
— carnea *L.*   *Id.* p.
— obtusifolia *All.* *Id.* p.

— septentrionalis *L.* Dauphiné. b.
— elongata *L.* Allemagne. a.
— maxima *L.* Arr^t de Grenoble. a.

DODECATHEON *L.*
— Meadia *L.* Amérique septent. p.

CYCLAMEN *L.*
— europœum *L.* Arrt de Grenoble. p.
— persicum *Mill.* Perse. p.
— africanum *Boiss.* et *Reut.* Algér. p.

SOLDANELLA *L.*
— alpina *L.* Arr^t de Grenoble. p.

LUBINIA *Vent.*
— spathulata *Vent.* Ile Bourbon. ɔ. p.

LYSIMACHIA *L.*
— Leschenaultii *DC.* Indes. ɔ. l.
— dubia *Ait.* Ibérie. b.

— ephemerum *L.* France. p.
— hybrida *Mich.* Amérique sept. p.
— ciliata *L.* Belgique. p.
— vulgaris *L.* Arr^t de Grenoble. p.
— verticillata *Bieb.* Caucase. p.
— nemorum *L.* Arr^t de Grenoble. p.
— nummularia *L.* *Id.* p.

ASTEROLINUM *Link* et *Hoffmg.*
— linum-stellatum *Lk* et *Hoffm.*
Dauphiné. a.

ANAGALLIS *Tourn.*
— arvensis *L.* Arr^t de Grenoble. a.
— latifolia *L.* Espagne. a.
— collina *Schousb.* Portugal. p. l.
— linifolia *L.* *Id.* a.

SAMOLUS *L.*
— littoralis *R. Brown.* N.-Holland. p.
— Valerandi *L.* Arr^t de Grenoble. p.

ORDRE 98. — **MYRSINÉACÉES.**

MYRSINE *L.*
— africana *L.* Cap. l.

ARDISIA *Swartz.*
— japonica *Blum.* var. *belgorum DC.* l.

ORDRE 99. — **THÉOPHRASTACÉES.**

THEOPHRASTA *Juss.*
— latifolia *Willd.* Amérique mér. l.

ORDRE 100. — **SAPOTACÉES.**

CHRYSOPHYLLUM *L.*
— cainito *L.* Antilles. l.

ARGANIA *Rœm.* et *Schult.*
— sideroxylon *R.* et *S.* Maroc. .

BUMELIA *Swartz.*
— lycioides *Gœrtn.* Amérique sept. l.
— reclinata *Vent.* *Id.* l.

ORDRE 101. — **ÉBÉNACÉES.**

ROYENA *L.*
— lucida *L.* Cap. l

DIOSPYROS *Dalech.*
— lotus *L.* Chine. ..

— virginiana *L.* Amérique sept. l.
— pubescens *Pursh.* *Id* l.
— kaki *L.* Japon. l.

ORDRE 102. — **STYRACACÉES.**

STYRAX *Tourn.*
— officinale *L.* France méridionale. l

HALESIA *L.*
— tetraptera *L.* Amérique sept. l.

ORDRE 103. — **OLÈACÉES.**

Fraxinus *Tourn.*
— ornus *L.* Espagne. l.
— — var. *Theophrasti. Duh.* l.
— rotundifolia *Lam.* Calabre. l.
— excelsior *L.* Arr^t de Grenoble. l.
— — var. *aurea* l.
— — var. *pendula.* l.
— — var. *jaspidea.* l.
— — var. *verrucosa.* l.
— atrovirens *Desf.* Amérique sept. l.
— nana *Pers.* *Id.* l.
— heterophylla *Vahl.* Angleterre. l.
— oxyphylla *Bieb.* France. l.
— parvifolia *Lam.* *Id.* l.
— americana *L.* Amérique sept. l.
— platycarpa *Mich.* *Id.* l.
— epiptera *Mich.* *Id.* l.
— juglandifolia *Lam.* *Id.* l.
— Richardi *Bosc.* *Id.* l.
— pubescens *Walt.* *Id.* l.
— sambucifolia *Lam.* *Id.* l.
— quadrangulata *Mich.* *Id.* l.
— alba *Bosc.* *Id.* l.
— elliptica *Bosc.* *Id.* l.
— glauca *Hort.* *Id.* l.

Fontanesia *Labill.*
— phillyræoides *Labill.* Syrie. l.

Forsythia *Vahl.*
— viridissima *Lindl.* chine. l.

Syringa *L.*
— vulgaris *L.* Hongrie. l.
— — var. *alba.* l.
— — var. *purpurea.* l.
— dubia *Pers.* Chine. l.
— persica *L.* Perse. l.
— — var. *laciniata.* l.
— Josikæa *Jacq.* Hongrie. l.

Olea *Tourn.*
— europœa *L.* France. l.

Osmanthus *Lour.*
— fragrans *Lour.* Japon. l.

Phillyrea *Tourn.*
— latifolia *L.* Italie. l.
— media *L.* France. l.
— angustifolia *L.* *Id.* l.

Ligustrum *Tourn.*
— vulgare *L.* Arr^t de Grenoble. l.
— japonicum *Thunb.* Japon. l.
— ovalifolium *Hsskl.* *Id.* l.

Chionanthus *L.*
— montanus *Pursh.* Amérique sept. l.
— maritimus *Pursh.* *Id.* l.

ORDRE 104. — **JASMINÉES.**

Jasminum *Tourn.*
— sambac *Ait.* Indes orientales. l.
— gracile *Andr.* Ile Norfolk. l.
— azoricum. *L.* Iles des Açores. l.
— heterophyllum *Roxb.* Népaul. l.
— revolutum *Sims.* *Id.* l.
— chrysanthum *Roxb.* *Id.* l.
— odoratissimum *L.* Madère. l.

— humile *L.* Ile de Chio. l.
— fruticans *L.* Arr^t de Grenoble. l.
— nudiflorum *Lindl.* Chine. l.
— officinale *L.* Lombardie. l.
— grandiflorum *L.* Malabar. l.

Nyctanthes *Juss.*
— arbor-tristis *L.* Indes orientales. l.

ORDRE 105. — **APOCYNACÉES.**

Carissa *L.*
— Arduina *Lam.* Cap. l.

Cerbera *L.*
— manghas *L.* Ceylan. l.

Vinca *L.*
— rosea *L.* Antilles. l.
— minor *L.* Arr^t de Grenoble. p.
— major *L.* *Id.* p.

Amsonia *Walt.*
— ciliata *Walt.* Amérique sept. p.
— salicifolia *Pursh.* *Id.* p.
— Tabernæmontana *Walt.* *Id.* p.

Strophanthus *DC.*
— dichotomus *DC.* Java. l.

Nerium *L.*
— oleander *L.* France. l.
— — var. *flore pleno.* l.

Apocynum *Tourn.*
— hypericifolium *Ait.* Amér. sept. p.
— venetum *L.* Dalmatie. p.

Echites *P. Brown.*
— suaveolens *Alph. DC.* B.-Ayres. l.

ORDRE 106. — ASCLÉPIADÉES.

PERIPLOCA *L.*
— græca *L.* Dalmatie.　　　　　　　　l.

VINCETOXICUM *Mœnch.*
— medium *Dne.* Dalmatie.　　　　　p.
— officinale *Mœnch.* Arr^t de Gren. p.
— laxum *Gren.* et *Godr. Id.*　　　p.
— contiguum *Gren.* et *Godr.* Dalm. p.
— nigrum *Mœnch.* France.　　　　p.

ARAUJA *Brot.*
— albens *G. Don.* Brésil.　　　　　l.

GOMPHOCARPUS *R. Brown.*
— arborescens *R. Brown.* Cap.　　l.
— fruticosus *R. Brown.* Corse.　　l.

ASCLEPIAS *L. Juss.*
— Cornuti *Dne.* Amérique sep..　p.
— consanguinea *Kunze. Id.*　　　p.

— Douglasii *Hook.* Amérique sept. p.
— curassavica *L.* Antilles.　　　　l.
— incarnata *L.* Amérique sept.　p.
— linifolia *Kunth. Id.*　　　　p. l.

OXYPETALUM *R. Brown.*
— cœruleum *Dne.* Brésil.　　　p. l.
— solanoides *Hook. Id.*　　　p. l.

MARSDENIA *R. Brown.*
— erecta *R. Brown.* Grèce.　　　l.

HOYA *R. Brown.*
— carnosa *R. Brown.* Indes orient. l.

APTERANTHES *Mik.*
— Gussoniana *Bot. Reg.* Espagne. l.

STAPELIA *L.*
— hirsuta *L.* Cap.　　　　　　l.
— variegata *L. Id.*　　　　　　l.

ORDRE 107. — LOGANIACÉES.

SPIGELIA *L.*
— zeylanica *Hort.*　　　　　　l.

STRYCHNOS *L.*
— nux-vomica *L.* Cochinchine.　l.

ORDRE 108. — GENTIANACÉES.

ERYTHRÆA *Ren.*
— ramosissima *Pers* Arr^t de Gren. a.
— centaurium *Pers. Id.*　　　　a.

CHLORA *Ren.*
— perfoliata *Willd.* Arr^t de Gren. a.

GENTIANA *Tourn.*
— lutea *L.* Arr^t de Grenoble.　p.
— ciliata *L.*　　*Id.*　　　　p.
— verna *L.*　　*Id.*　　　　p.
— bavarica *L.*　　*Id.*　　　p.
— asclepiadea *L.*　　*Id.*　　p.
— Kochiana *Perr.* et *Song. Id.*　p.

— alpina *Vill.* Arr^t de Grenoble.　p.
— Clusii *Perr.* et *Song. Id.*　　p.
— angustifolia *Vill.*　*Id*　　p.
— punctata *L.*　　*Id*　　　p.
— cruciata *L.*　　*Id.*　　　p.

SWERTIA *L.*
— perennis *L.* Dauphiné.　　　p.

VILLARSIA *Vent.*
— reniformis *R. Brown.* N.-Holl. p.

MENYANTHES *Tourn.*
— trifoliata *L.* Arr^t de Grenoble. p.

ORDRE 109. — BIGNONIACÉES.

BIGNONIA *DC.*
— capreolata *L.* Amérique sept.　l.
— venusta *Ker.* Brés l.　　　　l.
— jasminoides *Thunb. Id.*　　　l.

TECOMA *Juss.*
— capensis *Lindl.* Cap.　　　l.
— radicans *Juss.* Amérique sept l.
— grandiflora *Delaun.* Japon.　l.

— stans *Juss.* Amérique mérid.　l.
— jasminoides *Lindl.* Nouv.-Holl. l.

CATALPA *Scop.*
— bignonioides *Walt.* Amér. sept. l.
— Kæmpferi *Sieb.* et *Zucc.* Japon. l.
— Bungei *C. A. Mey.* Chine.　　l.
— cœrulescens *Hort.*　　　　l.

INCARVILLEA *Juss.*
— sinensis *Lam.* Chine.　　　b.

ORDRE 110. — SÉSAMÉES.

Sesamum *L.*
— orientale *L.* Indes orientales.　a.

Martynia *L.*
— proboscidea *Glox.* Louisiane.　a.

— lutea *Lindl.* Brésil.　　　　a.

Craniolaria *L.*
— fallax *Alph. DC.*　　　　a.

ORDRE 111. — CYRTANDRACÉES.

Æschinanthus *Jack.*
— ramosissima *Wall.* Népaul.　l.
— atropurpureus.var.*zebrinus.Hort.*l.

Streptocarpus *Lindl.*
— Rexii *Lindl.* Afrique australe.　p.

ORDRE. 112. — HYDROPHYLLACÉES.

Hydrophyllum *Tourn.*
— virginicum *L.* Amérique sept.　p.
— canadense *L.*　　　*Id.*　　p.
Nemophila *Nutt.*
— atomaria *F.* et *M.* N.-Californie. a.
— insignis *Benth.*　　　*Id.*　　a.
— phacelioides *Nutt.* Arkansas.　a.
— maculata *Benth.* Californie.　a.
Eutoca *R. Brown.*
— divaricata *Benth.* Californie.　a.
— — var. *Wrangeliana. Id.*　a.

— Menziesii *R. Br.* Californie.　a.
Whitlavia *Harvey.*
— grandiflora *Harvey.* Californie.　a.
Cosmanthus *Nolte.*
— viscidus *Alph. DC.* Californie.　a.
— fimbriatus *Nolte.* Amérique sept. a.
Phacelia *Juss.*
— circinata *Jacq.* Chili.　　p.
— tanacetifolia *Benth.* Californie.　a.
— congesta *Hook.* Texas.　　a.

ORDRE 113. — POLÉMONIACÉES.

Phlox *L.*
— paniculata *L.* Amérique sept.　p.
— triflora *Mich.*　　　*Id.*　　p.
— reptans *Mich.*　　　*Id.*　　p.
— Drummondii *Hook.* Texas.　　p.
— subulata *L.* Amérique septent.　p.
— setacea *L.*　　　*Id.*　　p.

Collomia *Nutt.*
— coccinea *Lehm.* Chili.　　a.
— grandiflora *Dougl.* Am. sept. occ. a.

Gilia *Ruiz* et *Pav.*
— capitata *Dougl.* Am. sept. occid. a.
— multicaulis *Benth.* N.-Californie. a.
— tricolor *Benth.*　　　*Id.*　　a.
— coronopifolia *Pers.* Amér. sept.　b.

Leptosiphon *Benth.*
— luteus *Benth.* Nouv.-Californie. a.
— androsaceus *Benth.*　*Id.*　a.
— densiflorus *Benth.*　　*Id.*　a.
Polemonium *L.*
— cœruleum *L.* France.　　p.
— — var. *lactea.*　　p.
— — var. *dissecta.*　　p.
— mexicanum *Cerv.* Mexique.　b.
Caldasia *Willd.*
— heterophylla *Willd.* Mexique. p. l.
Loeselia *L.*
— coccinea *G. Don.* Mexique.　l.
Cobæa *Cav.*
— scandens *Cav.* Mexique.　l.

ORDRE 114. — CONVOLVULACÉES.

Quamoclit *Tourn.*
— coccinea *Mœnch.* Indes orient.　a.
— luteola *Don.* Amérique mérid.　a.
— vitifolia *Don.* Mexique.　a. b.
— vulgaris *Chois.* Indes orient.　a.

Batatas *Rumph.*
— edulis *Chois.* Indes orientales.　p.
Pharbitis *Chois.*
— hispida *Chois.* Amér. mérid.　a.
— Learii *Hook.* Mexique.　　p. l.

— hederacea *Chois*. Amér. mer.   a.
— limbata *Lindl*. Java.   a.

CALONYCTION *Chois*.
— macrantholeucum *Coll*. Amérique méridionale.   p. l.

IPOMOEA *L*.
— sibirica *Pers*. Sibérie.   a.
— cordigera *Mart*.   a.
— digitata *Poir*. Amérique mérid.   p.

CONVOLVULUS *L*.
— cneorum *L*. Italie.   l.

CORDIA *Plum*.
— serratifolia *H. B.* et *K*. Mexique. l.

EHRETIA *L*.
— tinifolia *L*. Jamaïque.   l.

TOURNEFORTIA *L*.
— heliotropioides *Hook*. Buénos-Ayres.   p. l.

HELIOTROPIUM *Tourn*.
— europœum *L*. Arrᵗ de Grenoble. a.
— peruvianum *L*. Pérou.   l.

HELIOPHYTUM *DC*.
— indicum *DC*. Indes orientales.   a.

CERINTHE *Tourn*.
— minor *L*. Arrᵗ de Grenoble.   b. p.
— aspera *Roth*. France.   a.
— retorta *Sibth*. Grèce.   a.

ECHIUM *Buek*.
— candicans *L*. Madère.   l.
— exasperatum. Iles Canaries.   l.
— leucophœum.   *Id*.   l.
— vulgare *L*. Arrᵗ de Grenoble.   b.
— creticum *L*. France.   a.
— plantagineum *L*. *Id*.   a. b.

NONNEA *Medik*.
— nigricans *DC*. Espagne.   a.

BORRAGO *Tourn*.
— officinalis *L*. France.   a.

PSILOSTEMON *DC*.
— orientale *DC*. Turquie.   p.

SYMPHITUM *Tourn*.
— officinale *L*. Arrᵗ de Grenoble.   p.
— asperrimum *Sims*. Caucase.   p.
—   — var. *coccineum*.   p.
—   — var. *azureum*.   p.

— cantabrica *L*. Arrᵗ de Grenob.   p.
— tricolor *L*. France.   a.
— arvensis *L*. Arrᵗ de Grenoble.   p.
— siculus *L*. France.   a.

CALYSTEGIA *R. Brown*.
— sepium *R. Brown*. Arrᵗ de Gren. p.
— pubescens *Lindl*. Chine.   p.

DICHONDRA *Forst*.
— repanda *Berter*. (*H. Paris*.) Chili. p.

FALKIA *L*.
— repens *L*. Cap.   p.

ORDRE 15. — BORRAGINÉES.

— echinatum *Ledeb*. Russie.   p.
— tuberosum *L*. Arrᵗ de Grenob.   p.
— tauricum *Willd*. Russie mérid.   p.

CARYOLOPHA *Fisch*.
— sempervirens *Fisch*. et *Tr*. Franc. p.

ANCHUSA *L*.
— officinalis *L*. Dauphiné.   b. p.
— undulata *L*. France.   b.
— italica *Retz*. Arrᵗ de Grenoble. b.

LYCOPSIS *L*.
— arvensis *L*. Arrᵗ de Grenoble.   a.

LITHOSPERMUM *Tourn*.
— arvense *L*. Arrᵗ de Grenoble.   a.
— permixtum *Jord*. Dauphiné.   a.
— officinale *L*. Arrᵗ de Grenoble.   p.
— purpureo-cœruleum *L*. *Id*.   p.

PULMONARIA *Tourn*.
— mollis *Wolff*. France.   p.
— affinis *Jord*. Arrᵗ de Grenoble.   p.
— angustifolia *L*. France.   p.

MYOSOTIS *Dill*.
— palustris *With*. Arrᵗ de Grenob. p.
— alpestris *Schmidt*.   *Id*.   p.
— intermedia *Link*.   *Id*.   a.
— hispida *Schlecht*.   *Id*.   a.
— versicolor *Reich*.   *Id*.   a.

BOTHRIOSPERMUM *Bunge*.
— tenellum *F*. et *M*. Indes orient. a.

AMSINCKIA *Lehm*.
— spectabilis *F*. et *M*. N.-Californie. a.

ECHINOSPERMUM *Swartz*.
— glochidiatum *Alph. DC*. Himal. b.
— lappula *Lehm*. Arrᵗ de Gren. a. b.

ASPERUGO *Tourn*.
— procumbens *L*. Arrᵗ de Grenob. a.

CYNOGLOSSUM *Tourn.* ;
— officinale *L.* Arr¹ de Grenoble. b.
— montanum *Lam.* *Id.* b.
— Dioscoridis *Vill.* *Id.* b.
— pictum *Ait.* Dauphiné. b.
— viridiflorum *Willd.* Sibérie. p.
— furcatum *Wall.* Népaul. p.

LINDELOFIA *Lehm.*
— spectabilis *Lehm.* Cachemire. p.

OMPHALODES *Tourn.*
— linifolia *Mœnch.* France. a.
— verna *Mœnch.* *Id.* p.

SOLENANTHUS *Ledeb.*
— apenninus *Hohenack.* Italie. b.
— cerinthoides *Boiss.* Orient. p.

TRICHODESMA *R. Brown.*
— indicum *R. Brown.* Indes orient. a.

ORDRE 116. — SOLANÉES.

NOLANA *L.*
— atriplicifolia *G. Don.* Pérou. a.

LYCOPERSICUM *Tourn.*
— pyriforme *Dun.* Amérique mér. a.
— cerasiforme *Dun.* Pérou. a.
— esculentum *Mill.* Amérique mér. a.

SOLANUM *Sendtn.*
— tuberosum *L.* Amérique mérid. p.
— guineense *Lam.* Guinée. a.
— nigrum *L.* Arr¹ de Grenoble. a.
— oleraceum *Rich.* Cayenne. a.
— opacum. *Al. Braun.* et *Bouch.* a.
— ochroleucum *Bast.* Arr¹ de Gren. a.
— humile *Bernh.* *Id.* a.
— miniatum *Bernh.* *Id.* a.
— villosum *Lam.* *Id.* a.
— reclinatum *L'Hér.* Pérou. a. l.
— dulcamara *L.* Arr¹ de Grenoble. l.
— jasminoides *Paxt.* Brésil. l.
— auriculatum *Ait.* Amérique mér. l.
— capsicastrum *Link.* Brésil. l.
— pseudo-capsicum *L.* Madère. l.
— pyracanthos *Lam.* Madagascar. l.
— sisymbriifolium *Lam.* Am. mér. l.
— Fontanesianum *Dun.* Mexique. a.
— citrullifolium *Al.Braun.* Texas. a. l.
— macrocarpon *L.* Ile Maurice. a. p.
— esculentum *Dun.* Indes orient. a.
— ovigerum *Dun.* Amérique mérid. a.
— texanum *Dun.* Texas. a.
— sodomæum *L.* Corse. l.
— marginatum *L.* Abyssinie. l.

CYPHOMANDRA *Mart.*
— betacea *Sendtn.* Nouv.-Espagne. l.

CAPSICUM *Tourn.*
— annuum *L.* Amérique méridion. a.

SARACHA *Ruiz* et *Pav.*
— jaltomata *Schlecht.* Mexique. a.
— allogona *Schlecht.* *Id.* a.

NICANDRA *Adans.*
— physaloides *Gærtn.* Pérou. a.

PHYSALIS *L.*
— alkekengi *L.* Arr¹ de Grenoble. p.
— peruviana *L.* Pérou. p.
— pubescens *L.* Amérique mérid. a.
— æquata *Jacq.* Mexique. a.

ATROPA *L.*
— belladona *L.* Arr¹ de Grenoble. p.

MANDRAGORA *Tourn.*
— vernalis *Bertol.* Italie. p.

DUNALIA *H. B.* et *K.*
— cyanea *P. de Rouv.* Patrie incon. l.

IOCHROMA *Benth.*
— tubulosum *Benth.* Pérou. l.

ACNISTUS *Schott.*
— arborescens *Schlecht.* Antilles. l.

FREGIRARDIA *Dun.*
— luteiflora *Dun.* Patrie inconnue. l.

LYCIUM *L.*
— vulgare *Dun.* Arr¹ de Grenoble. l.
— chinense *Mill.* Chine. l.
— chilense *Bert.* Chili. l.
— afrum *L.* France. l.

SOLANDRA *Swartz.*
— nitida *Zuccag.* Mexique. l.

DATURA *L.*
— lævis *L.* Abyssinie. a.
— ferox *L.* Espagne. a.
— stramonium *L.* Dauphiné. a.
— tatula *L.* France. a.
— quercifolia *H. B.* et *K.* Mexiq. a.
— fastuosa *L.* Indes orientales. a.
— metel *L.* *Id.* a.
— ceratocaula *Orteg.* Ile de Cuba. a.
— arborea *L.* Pérou. l.
— suaveolens *H. B.* et *K.* Brésil. l.

HYOSCYAMUS *Tourn.*
— niger *L.* Arr¹ de Grenoble. a. b.
— eminens *Kunze.* Russie mérid. b.

— albus *L.* France. a.
— major *Mill. Id.* p.
— pusillus *L.* Perse. a.

SCOPOLIA *Jacq.*
— physaloïdes *Dun.* Sibérie. p.
— orientalis *Dun.* Ibérie. p.
— lurida *Dun.* Népaul. p.
— carniolica *Jacq.* Autriche. p.

NICOTIANA *Tourn.*
— tabacum *L.* Amérique mérid. a.
— auriculata *Bert.* Brésil. a.
— paniculata *L.* Pérou. a.
— glauca *Grah.* Buénos-Ayres. l.
— Langsdorffii *Weinm.* Brésil. a.
— rustica *L.* Amérique méridion a.
— suaveolens *Lehm.* N.-Hollande. a.
— longiflora *Cav.* Chili. a.
— acuminata *Grah. Id.* a.

— Berteriana *Dun.* Chili. a.
— plumbaginifolia *Viv.* Mexique. a.
— quadrivalvis *Pursh.* Amér. sept. a.
— micrantha *Desf. (H. Par.)* Chili. a.

PETUNIA *Juss.*
— nyctaginiflora *Juss.* Am. mér. p.l.
— violacea *Lindl.* Buénos-Ayres. p.l.

NIEREMBERGIA *Ruiz et Pav.*
— gracilis *Hook.* Buénos-Ayres. p. l.

FABIANA *Ruiz et Pav.*
— imbricata *Ruiz et Pav.* Chili. l.

CESTRUM *L.*
— fasciculatum *Miers.* Mexique. l.
— elegans *Schlecht. Id.* l.
— roseum *H. B. et K. Id.* l.
— aurantiacum *Lindl.* Guatimala. l.
— Parqui *L'Hér.* Chili. l.

ORDRE 117. — SCROPHULARIACÉES.

ANTHOCERCIS *Labill.*
— viscosa *R. Brown.* N.-Hollande. l.

BROWALLIA *L.*
— demissa *L.* Amérique méridion a.

BRUNFELSIA *Swartz.*
— americana *Swartz.* Antilles. l.

SALPIGLOSSIS *Ruiz et Pav.*
— sinuata *Ruiz et Pav.* Chili. a.

SCHIZANTHUS *Ruiz et Pav.*
— pinnatus *Ruiz et Pav.* Chili. a.
— var. *lilacinus. Kunze.* a.

CALCEOLARIA *L.*
— glutinosa *Heer et Régel.* Guatim. l.
— crenatiflora *Cav.* Chili. l.

VERBASCUM *L.*
— thapsus *L.* Arrᵗ de Grenoble. l.
— thapsiforme *Schrad. Id.* l.
— phlomoides *L. Id.* l.
— virgatum *With.* France. l.
— blattaria *L.* Arrᵗ de Grenoble. l.
— sinuatum *L.* Dauphiné. l.
— vernale *Roch. ?* Bannat. b. p
— macrophyllum *Kotschy* Taurus. l.
— speciosum *Schrad.* Hongrie. b.
— pulverulentum *Vill.* Arrᵗ de Gren. h.
— lychnitis *L. Id.* b.
— Chaixii *Vill. Id.* p.
— nigrum *L. Id.* p
— phœniceum *L.* Grèce. b. p.

ALONSOA *Ruiz et Pav.*
— incisæfolia *Ruiz et Pav.* Chili. l.

SCHISTANTHE *Kunze.*
— peduncularis *Kunze.* Cap. l.

NEMESIA *Vent.*
— versicolor *E. Mey.* Afriq. austr. a.
— floribunda *Lehm.* Mexique. a.

LINARIA *Tourn.*
— cymbalaria *L.* Arrᵗ de Grenob. p.
— spuria *Mill. Id.* a.
— elatine *Mill. Id.* a.
— cirrhosa *Willd.* France. a.
— triornithophora *Willd.* Portugal. p.
— italica *Trev.* Dauphiné. p.
— vulgaris *L.* Arrᵗ de Grenolle. p.
— genistifolia *Mill.* Autriche. p.
— triphylla *Mill.* France. a.
— bipartita *Willd.* Barbarie. a.
— chalepensis *Mill.* France. a.
— purpurea *Mill.* Sicile. p.
— striata *DC.* Arrᵗ de Grenolle. p.
— arvensis *Desf. Id.* a.
— simplex *DC. Id.* a.
— minutiflora *C. A. M.* Caucase. a.
— cœsia *DC.* Espagne. a. b.
— supina *Desf.* Arrᵗ de Grenoble. a.
— alpina *DC. Id.* a. b.
— amethystea *Hoffm.* et *Lk.* Esp. a.
— Broussonetii *Chav.* Maroc. a.
— multicaulis *Mill.* Espagne. a.
— Perezii *Gay. Id.* a.
— origanifolia *DC.* Arrᵗ de Grenob. p.
— prætermissa *Delastr.* France. a.
— minor *Desf.* Arrᵗ de Grenoble. a.
— littoralis *Willd.* Istrie. a.

ANTIRRHINUM *Tourn.*
— orontium *L.* Arrᵗ de Grenoble. a.

— calycinum *Lam.* Espagne. a.
— Barrelieri *Boreau. Id.* b. p.
— siculum *Ucria.* Sicile. b. p.
— majus *L.* Arr^t de Grenoble. b. p.
— latifolium *DC. Id.* b. p.
— Huetii *Reut.* France. b. p.

MAURANDIA *Ort.*
— Barclayana *Lindl.* Mexique. p. l.

LOPHOSPERMUM *Don.*
— erubescens *Zucc.* Mexique. p. l.

PAULOWNIA *Sieb.* et *Zucc.*
— imperialis *Sieb.* et *Zucc.* Japon. l.

HALLERIA *L.*
— lucida *L.* Cap. l.

SCROPHULARIA *Tourn.*
— orientalis *L.* Orient. p.
— vernalis *L.* Dauphiné. b.
— peregrina *L.* France. a.
— Smithii *Horn.* Iles Canaries. p.
— Balbisii *Horn.* Arr^t de Grenoble. p.
— Ehrharti *C.A.Stev. Id.* p.
— Neesii *Wirtg.* Prusse. p.
— nodosa *L.* Arr^t de Grenoble. p.
— laciniata *W.* et *K.* Dalmatie. p.
— canina *L.* Arr^t de Grenoble. p.
— juratensis *Schleich.* France. p.
— tenuifida *Jord.* Arr^t de Grenob. p.
— canescens *Bunge.* Songarie chinoise. p.

COLLINSIA *Nutt.*
— bartsiæfolia *Benth.* a.
— bicolor *Benth.* N.-Californie. a.
— multicolor *Lindl.* a.

CHELONE *L.*
— glabra *L.* Amérique septent. p.

PENTSTEMON *L'Hér.*
— Murrayanus *Hook* Texas. p.
— acuminatus *Dougl.* Amér. sept. p.
— gentianoides *G. Don.* Mexique. p.
— Hartwegi *Benth. Id.* p.
— perfoliatus *Ad. Brong. Id.* p.
— campanulatus *Willd. Id.* p.
— digitalis *Nutt.* Amérique sept. p.
— pubescens *Soland. Id.* p.
— barbatus *Nutt.* Mexique. p.

RUSSELIA *Jacq.*
— juncea *Zucc.* Mexique. l.
— sarmentosa *Jacq. Id.* p. l.

FREYLINIA *Colla.*
— cestroides *Colla.* Cap. l.

NYCTERINIA *Don.*
— capensis *Benth.* Cap. a. b.

CHÆNOSTOMA *Benth.*
— floribundum *Benth.* Cap. l.
— viscosum *Hort.* a. b.

MIMULUS *L.*
— cardinalis *Dougl.* Californie. p. l.
— luteus *L.* Chili. p.
— moschatus *Dougl.* Amér. sept. p.

MAZUS *Lour.*
— rugosus *Lour.* Indes orientales. a.

DODARTIA *L.*
— orientalis *L.* Russie méridion. p.

GRATIOLA *L.*
— officinalis *L.* Arr^t de Grenoble. p.

CHILIANTHUS *Burch.*
— arboreus *Benth.* Cap. l.

BUDDLEIA *L.*
— globosa *Lam.* Chili. l.
— Lindleyana *Fortune.* Chine. l.
— madagascariensis *Lam.* Am. mér. l.

DIGITALIS *Tourn.*
— orientalis *L.* Turquie. p.
— lævigata *W.* et *K.* Croatie. p.
— grandiflora *All.* Arr^t de Grenob. p.
— purpurea *L.* Dauphiné. b. p.
— thapsi *L.* Espagne. p.
— lutea *L.* Arr^t de Grenoble. p.

ERINUS *L.*
— alpinus *L.* Arr^t de Grenoble. p.
— hispanicus *Pers.* Espagne. p.

WULFENIA *Jacq.*
— carinthiaca *Jacq.* Carinthie. p.

VERONICA *Tourn.*
— speciosa *R. Cunning.* N.-Holl. l.
— salicifolia *Forst. Id.* l.
— formosa *R. Brown. Id.* l.
— virginica *L.* Amérique septent. p.
— arguta *Schrad.* p.
— spuria *L.* Belgique. p.
— foliosa *W.* et *K.* Hongrie. p.
— grandis *Fisch.* Sibérie p.
— longifolia *L.* Allemagne. p.
— glabra *Schrad. Id.* p.
— Bachofenii *Heuff.* Hongrie. p.
— excelsa *Desf.* p.
— orchidea *Crantz.* Autriche. p.
— spicata *L.* Arr^t de Grenoble. p.
— anagallis *L. Id.* p.
— beccabunga *L. Id.* p.

— teucrium *L.* Arr^t de Grenoble. p.
— Jacquini *Schott.* Allemagne. p.
— Schmidtii *R.* et *S.* *Id.* p.
— prostrata *L.* Arr^t de Grenoble. p.
— officinalis *L.* *Id.* p.
— Allionii *Vill.* *Id.* p.
— caucasica *Bieb.* Caucase. p.
— urticifolia *L. f.* Arr^t de Grenob. p.
— chamædrys *L.* *Id.* p.
— montana *L.* *Id.* p.
— aphylla *L.* *Id.* p.
— fruticulosa *L.* *Id.* p. l.
— saxatilis *Jacq.* *Id.* p. l.
— gentianoides *Vahl.* Caucase p.
— pallida *Horn.* p.
— bellidioides *L.* Arr^t de Grenob. p.
— alpina *L.* *Id.* p.
— serpyllifolia *L.* *Id.* p.
— arvensis *L.* *Id.* a.
— persica *Poir.* *Id.* a.
— didyma *Ten.* *Id.* a.
— polita *Fries.* Suède. a. (1)
— cymbalaria *Bodard.* France. a.
— hederifolia *L.* Arr^t de Grenob. a.

BARTSIA *L.*
— alpina *L.* Arr^t de Grenoble. p.

ODONTITES *Hall.*
— lanceolata *Reich.* Arr^t de Gren. a.
— serotina *Reich.* *Id.* a.
— verna *Reich.* *Id.* a.

EUPHRASIA *Tourn.*
— officinalis *L.* Arr^t de Grenoble. a.

RHINANTHUS *L.*
— major *Ehrh.* Arr^t de Grenoble. a.
— minor *Ehrh.* *Id.* a.

PEDICULARIS *Tourn.*
— incarnata *Jacq.* Arr^t de Grenob. p.
— gyroflexa *Vill.* *Id.* p.
— tuberosa *L.* *Id.* p.

MELAMPYRUM *Tourn.*
— arvense *L.* Arr^t de Grenoble. a.
— nemorosum *L.* *Id.* a.

ORDRE 118. — OROBANCHÉES.

PHELIPÆA *Tourn.*
— ramosa *C. A. M.* Arr^t de Gren. a.

OROBANCHE *L.*
— minor *Sutton.* Arr^t de Gren. a. p.

LATHRÆA *L.*
— squamaria *L.* Arr^t de Grenoble. p.

ORDRE 119. — ACANTHACÉES.

THUNBERGIA *L. f.*
— alata *Bojer.* Afrique orientale p. l.

HEXACENTRIS *Nees ab Es.*
— coccinea *N. ab Es.* Népaul. l.

DIPTERACANTHUS *N. ab Es.*
— strepens *N. ab Es.* Amér. sept. p.

GOLDFUSSIA *N. ab Es.*
— anisophylla *N. ab Es* Indes. l.

STROBILANTHES *Blume.*
— Sabinianus *N. ab Es.* Népaul. l.
— maculatus *N. ab Es.* Indes. l.

ARRHOSTOXYLUM *Mart.*
— formosum *N. ab Es.* Brésil. p. l.

ACANTHUS *Tourn.*
— mollis *L.* France. p.
— spinosus *L.* Dalmatie. p.

GEISSOMERIA *Lindl.*
— longiflora *Lindl.* Brésil. l.

SCHAUERIA *N. ab Es.*
— calycotricha *N. ab Es.* Brésil. l.

CYRTANTHERA *N. ab Es.*
— magnifica *N. ab Es.* Brésil. l.
— Pohliana *N. ab Es.* *Id.* l.
— var. *velutina.* l.

SERICOGRAPHIS *N. ab Es.*
— Ghiesbregtiana *N. ab Es.* Mexiq. l.

ROSTELLULARIA *Reich.*
— abyssinica *Ad. Brongt.* Abyssinie. a.

ADHATODA *N. ab Es.*
— vasica *N. ab Es.* Indes orientales. l.
— furcata *N. ab Es.* Mexique. b. l.

ANISACANTHUS *N. ab Es.*
— virgularis *N. ab Es.* N.-Espagne. l.

ERANTHEMUM *L.*
— nervosum *R. Brown.* Indes orien. l.
— strictum *Colebr.* *Id.* l.
— leuconeurum *Hort.* p. l.

PERISTROPHE *N. ab Es.*
— speciosa *N. ab Es.* Bengale. l.

(1). La plante cultivée au jardin sous ce nom, provient de graines récoltées sauvages en Suède et envoyées par M. Fries; elle est distincte, quoique très-voisine, du V. DIDYMA *Ten.* des environs de Grenoble.

9

ORDRE 120. — VERBENACÉES.

VERBENA *Tourn.*
— chamædrifolia *Juss.* Brésil. p. l.
— phlogiflora *Cham.* *Id.* p. l.
— teucrioides *Gill.* et *Hook. Id.* p. l. (1)
— bonariensis *L.* Buénos-Ayres. p. l.
— littoralis *Kunth.* Chili. p.
— hispida *R.* et *P.* Pérou. p.
— paniculata *Lam.* Amériq. sept. p.
— urticifolia *L.* *Id.* p.
— officinalis *L.* Arrᵗ de Grenoble. p.
— supina *L.* Espagne. a.
— erinoides *Lam.* Brésil. a.
— Aubletia *L.* Amérique septent. a.

LIPPIA *L.*
— chamædrifolia *Steud.* Brésil. l.
— citriodora *Kunth.* Chili. l.
— purpurea *Jacq.* Mexique. l.
— repens *Spreng.* Italie. p. l.
— callicarpæfolia *Kunth.* Mexique. l.

LANTANA *L.*
— polyacantha *Schauer.* Mexique. l.
— camara *L.* Brésil. l.
— crocea *Jacq.* Indes occident. l.
— mixta *L.* Brésil. l.
— involucrata *L.* Indes occident. l.
— Sellowiana *Link* et *Otto.* Brésil. l.
— lilacina *Desf.* *Id.* l.

DURANTA *L.*
— Plumieri *Jacq.* Indes occident. l.

CLERODENDRON *L.*
— volubile *Beauv.* Afrique occid. l.
— fragrans *Vent.* Chine. l.
— paniculatum *L.* Indes orientales. l.
— squamatum *Vahl.* *Id.* l.
— fœtidum *Bunge.* Chine. l.

VITEX *L.*:
— agnus-castus *L.* France. l.
— incisa *Lam.* Mongolie chinoise. l.

ORDRE 121. — MYOPORACÉES.

MYOPORUM *Banks* et *Sol.*
— lætum *Forst.* Nouv.-Zélande. l.

STENOCHILUS *R. Brown.*
— viscosus *Grah.* Nouv.-Hollande. l.

ORDRE 122. — SELAGINACÉES.

HEBENSTREITIA *L.*
— dentata *L.* Cap. a. b.

SELAGO *L.*
— corymbosa *L.* Cap. l.

ORDRE 123. — LABIÉES.

OCIMUM *L.*
— basilicum *L.* Indes. a.
— minimum *L.* Chili. a.
— suave *Willd.* Abyssinie. l.
— carnosum *Link* et *Otto.* Brésil. l.

PLECTRANTHUS *L'Hér.*
— fruticosus *L'Her.* Afrique austr. l.
— parviflorus *Willd.* N.-Hollande. l.

COLEUS *Lour.*
— Persoonii *Benth.* Madagascar. l.

LAVANDULA *Tourn.*
— delphinensis *Jord.* Arrᵗ de Gren. l.
— officinalis *Chaix.* Dauphiné. l.

(1) Le jardin possède environ 20 *hybrides jardi-
nières* dérivant, soit de cette espèce, soit des deux
précédentes.

— pyrenaica *DC.* France. l.
— latifolia *Vill.* Dauphiné. l.

POGOSTEMON *Desf.*
— plectranthoides *Desf.* Ind. orient l.

ELSHOLTZIA *Willd.*
— cristata *Willd.* Suède. a.

PERILLA *L.*
— ocimoides *L.* Indes orientales. a.
— nankinensis *Dne.* Cochinchine. a.

PRESLIA *Opiz.*
— cervina *Fres.* Dauphiné. p.

MENTHA *L.*
— tomentosa *Durv.* Ile de Crète p.
— sylvestris *L.* Arrᵗ de Grenoble. p.
— rotundifolia *L.* *Id.* p.
— viridis *L.* France. p.

— piperita *L.* Angleterre. p.
— pyramidalis *Lloyd.* France. p.
— sativa *L.* *Id.* p.
— aquatica *L.* Arr¹ de Grenoble. p.
— arvensis *L.* *Id.* p.
— Requieni *Benth.* Corse. p.
— pulegium *L.* Arr¹ de Grenoble. p.

LYCOPUS *Tourn.*
— europœus *L.* Arr¹ de Grenoble. p.
— exaltatus *L.* Hongrie. p.

PYCNANTHEMUM *Mich.*
— muticum *Pers.* Amér. septent. p.

ORIGANUM *Tourn.*
— dictamnus *L.* Crète. l.
— sipyleoides *H. Par.* Orient. p.
— virens *Hoffm.* et *Link.* France. p.
— vulgare *L.* Arr¹ de Grenoble. p.
— paniculatum *Koch.* p.
— majorana *L.* Algérie. p. l.

THYMUS *L.*
— vulgaris *L.* Dauphiné. l.
— serpyllum *L.* Arr¹ de Gren. p. l.
— chamædrys *Fries.* *Id.* p. l.
— Marshallianus *Willd.* Caucase. p. l.

SATUREIA *L.*
— hortensis *L.* Dauphiné. a.
— montana *L.* *Id.* l.
— intermedia *C. A. Mey.* Caucase. p.
— thymbra *L.* Grèce. l.

MICROMERIA *Benth.*
— juliana *Benth.* France. p. l.

CALAMINTHA *Mœnch.*
— thymifolia *Host.* Carniole. p.
— officinalis *Mœnch.* Arr¹ de Gren. p.
— ascendens *Jord.* France. p.
— nepeta *Link* et *Hoffm* Dauphiné. p.
— mollis *Jord.* *Id.* p.
— nepetoides *Jord.* Arr¹ de Gren. p.
— grandiflora *Mœnch.* |*Id.* p.
— acinos *Clairv.* *Id.* a. b.
— graveolens *Benth.* Espagne. a.
— alpina *Lam.* Arr¹ de Grenoble. p.
— umbrosa *Benth.* Ibérie. p.
— repens *Benth.* Népaul. p.
— clinopodium *Benth.* Ar¹ de Gren. p.

GARDOQUIA *Ruiz* et *Pav.*
— Gilliesii *Grah.* Chili. l.

MELISSA *Tourn.*
— officinalis *L.* Arr¹ de Grenoble. p.

HEDEOMA *Pers.*
— hispida *Pursh.* Amér. septent. a.

HYSSOPUS *Benth.*
— officinalis *L.* Arr¹ de Grenoble. l. p.

COLLINSONIA *L.*
— canadensis *L.* Amérique septent. p.

SPHACELE *Benth.*
— hastata *Dne.* (*H. Par.*) Mexique. l.

HORMINUM *L.*
— pyrenaicum *L.* France. p.

SALVIA *L.*
— cretica *L.* Ile de Crète. l.
— officinalis *L.* Dauphiné. l.
— — var. *variegata.* l.
— pinnata *L.* Espagne. b. p.
— aurea *L.* Cap. l.
— canariensis *L.* Iles Canaries. l.
— glutinosa *L.* Arr¹ de Grenoble. p.
— viridis *L.* Ligurie. a.
— horminum *L.* *Id.* a.
— limbata *C. A. Mey.* Caucase. p.
— sclarea *L.* Arr¹ de Grenoble. b.
— æthiopis *L.* Dauphiné. b.
— Kochiana *Kunze.* Russie mérid. b.
— argentea *L.* Italie. b.
— phlomoides *Asso.* Espagne. p.
— austriaca *L.* Autriche. p.
— pratensis *L.* Arr¹ de Grenoble. p.
— Tenorii *Spreng.* Italie. p.
— virgata *Ait.* *Id.* p.
— amplexicaulis *Lam.* Bannat. p.
— sylvestris *L.* Autriche. p.
— nemorosa *L.* *Id.* p.
— verbenaca *L.* Dauphiné. p.
— lanceolata *Willd.* Amér. sept. a.
— hirsuta *Jacq.* Mexique. l.
— farinacea *Benth.* Texas. b. p.
— hispanica *L.* Espagne. a.
— polystachya *Ort.* Mexique. l.
— semiatrata *Zucc.* *Id.* l.
— confertiflora *Pohl.* Brésil. l.
— splendens *Sellow.* *Id.* l.
— involucrata *Cav.* Mexique. l.
— fulgens *Cav.* *Id.* l.
— Grahami *Benth.* *Id.* l.
— pseudococcinea *Jacq.* N.-Esp. l.
— coccinea *L.* Indes orientales. l.
— porphyrantha *Dne.* l.
— patens *Cav.* Mexique. p.
— ægyptiaca *L.* Algérie. l.
— verticillata *L.* France. p.
— napifolia *Jacq.* Orient. b. p.

ROSMARINUS *L.*
— officinalis *L.* Dauphiné. l.

MONARDA *Benth.*
— didyma *L.* Amérique septent. p.

— fistulosa *L.* Amérique septent. p.
— Bradburiana *Beck. Id.* p.

ZIZYPHORA *L.*
.— hispanica *L.* Espagne. a.
— capitata *L. Id.* a.
— tenuior *L. Id.* a.

LOPHANTHUS *Benth.*
— scrophulariæfolius *Benth.* Am. s. p.
— nepetoides *Benth. Id.* p.

NEPETA *L.*
— cataria *L.* Arr^t de Grenoble. p.
— lanceolata *Lam. Id.* p.
— nepetella *L.* France. p.
— grandiflora *Bieb.* Caucase. p.
— latifolia *DC.* France. p.
— nuda *L.* Arr^t de Grenoble. p.
— pannonica *L.* Hongrie. p.
— macrantha *Fisch.* Sibérie. p.

GLECHOMA *L.*
— hederacea *L.* Arr^t de Grenoble. p.

DRACOCEPHALUM *L.*
— moldavica *L.* Russie méridion. a.
— peregrinum *L.* Sibérie. p.
— Ruyschiana *L.* Dauphiné. p.

PRUNELLA *L.*
— hyssopifolia *L.* Dauphiné. p.
— grandiflora *Jacq.* Arr^t de Gren. p.
— vulgaris *L. Id.* p.
— pinnatifida *Pers.* France. p.
— alba *Pall.* Arr^t de Grenoble. p.

SCUTELLARIA *L.*
— alpina *L.* Arr^t de Grenoble. p.
— orientalis *L.* Grèce. p.
— altissima *L.* Turquie. p.
— peregrina *L.* Sicile. p.
— albida *L.* Russie méridionale. p.
— macrantha *Fisch.* Dahurie. p.
— galericulata *L.* Arr^t de Grenoble. p.
— lateriflora *L.* Amérique septent. p.

MELITTIS *L.*
— melissophyllum *L.* France. p.

PHYSOSTEGIA *Benth.*
— virginiana *Benth.* Amér. sept. p.
— — var. *speciosa. Id.* p.
— imbricata *Hook.* Texas. p.

SIDERITIS *L.*
— taurica *Bieb.* Tauride. p. l.
— spinosa *Lam.* Espagne. p. l.
— scordioides *L.* France. p. l.
— hyssopifolia *L.* Arr^t de Gren. p. l.
— virgata *Desf.* Algérie. p. l.
— montana *L.* Ligurio. a.

MARRUBIUM *Benth.*
— astracanicum *Jacq.* Géorgie. p.
— velutinum *Sibth.* et *Sm.* Taurus. p.
— candidissimum *L.* Espagne. p.
— peregrinum *L.* Allemagne. p.
— vulgare *L.* Arr^t de Grenoble. p.
— sericeum *Boiss.* Espagne. p.

BETONICA *Tourn.*
— alopecuros *L.* Arr^t de Grenoble. p.
— Jacquini *Godr.* Autriche. p.
— hirsuta *L.* Arr^t de Grenoble. p.
— officinalis *L. Id.* p.
— stricta *Ait. Id.* p.
— orientalis *L.* Caucase. p.
— grandiflora *Willd.* Sibérie. p.

STACHYS *L.*
— lanata *Wulf.* Russie méridionale. p.
— germanica *L.* Arr^t de Grenob. b. p.
— polystachya *Ten.* Naples. p.
— dasyantha *Raf.* Piémont. p.
— alpina *L.* Arr^t de Grenoble. p.
— intermedia *Ait.* Caucase. p.
— sericea *Wall.* Perse. p.
— setifera *C. A. Mey.* Caucase. p.
— sylvatica *L.* Arr^t de Grenoble. p.
— palustris *L. Id.* p.
— Miahlesii *de Noé.* Algérie. p. l.
— arvensis *L.* Arr^t de Grenoble. a.
— annua *L. Id.* a.
— menthæfolia *Vis.* Dalmatie. p.
— subcrenata *Vis. Id.* p.
— stenophylla *Spreng.* Espagne. p.
— recta *L.* Arr^t de Grenoble. p.
— arenaria *Vahl.* Algérie. p.

GALEOPSIS *L.*
— ochroleuca *Lam.* Dauphiné. a.
— pyrenaica *Bartl.* France. a.
— intermedia *Vill.* Arr^t de Grenob. a.
— angustifolia *Ehrh. Id.* a.
— arvatica *Jord. Id.* a.
— bifida *Boenn.* France. a.
— hylogeton *Jord.* Dauphiné. a.
— tetrahit *L.* Arr^t de Grenoble. a.
— precox *Jord. Id.* a.
— versicolor *Curt.* France. a.

LEONURUS *L.*
— cardiaca *L.* Arr^t de Grenoble. p.
— villosus *Desf.* Tauride. p.
— glaucescens *Bunge.* M^ts Altaï. p.
— marrubiastrum *L.* France. b.
— sibiricus *L.* Sibérie. a.

LAMIUM *Benth.*
— orvala *L.* Lombardie. p.
— garganicum *L.* Naples. p.
— amplexicaule *L.* Arr^t de Gren. a.

— purpureum *L.* Arr^t de Grenob. a.
— hybridum *Vill.* *Id.* a.
— album *L.* *Id.* p.
— maculatum *L.* *Id.* p.
— flexuosum *Ten.* France. p.
— Galeobdolon *L.* Arr^t de Gren. p.

MOLUCELLA *L.*
— lævis *L.* Syrie. a.

BALLOTA *Benth.*
— mollissima *Benth.* Espagne. p. l.
— hirsuta *Benth.* *Id.* p. l.
— italica *Benth.* Sicile. p. l.
— fœtida *Lam.* Arr^t de Grenoble. p.
— ruderalis *Fries.* Allemagne. p.

LEONOTIS *R. Brown.*
— leonurus *R. Brown.* Cap. l.

PHLOMIS *R. Brown.*
— fruticosa *L.* France. l.
— Russeliana *Lag.* Syrie. p.
— herba-venti *L.* Dauphiné. p.
— tuberosa *L.* Autriche. p.

EREMOSTACHYS *Bunge.*
— laciniata *Bunge.* Caucase. p.
— iberica *Vis.* Ibérie. p.

PRASIUM *L.*
— minus *L.* Sicile. l.

WESTRINGIA *R. Brown.*
— rosmarinifolia *Sm.* N.-Hollande. l.

AMETHYSTEA *L.*
— cœrulea *L.* Monts Altaï. a.

TEUCRIUM *L.*
— betonicum *L'Hér.* Ile de Madère. l.
— fruticans *L.* France. l.
— orientale *L.* Arménie. p.
— hircanicum *L.* Caucase. p.
— Arduini *L.* Dalmatie. p.
— eucagneum *Vis.* Italie. p.
— scorodonia *L.* Arr^t de Grenoble. p.
— scordium *L.* *Id.* p.
— botrys *L.* *Id.* a.
— chamædrys *L.* *Id.* p.
— regium *Schreb.* Espagne. p.
— flavum *L.* France. l.
— marum *L.* *Id.* l.
— ochroleucum *Jord.* Dauphiné. p. l.
— polium *L.* France. p. l.
— montanum *L.* Arr^t de Gren. p. l.

AJUGA *Benth.*
— reptans *L.* Arr^t de Grenoble. p.
— orientalis *Willd.* Espagne. b. p.
— pyramidalis *L.* Arr^t de Grenoble. p.
— Vernangii *Jord.* France. p.
— genevensis *L.* Arr^t de Grenoble. p.
— chamæpitys *Schreb.* *Id.* a.

ORDRE 124. — **GLOBULARIACÉES.**

GLOBULARIA *Tourn.*
— vulgaris *L.* Arr^t de Grenoble. p.
— cordifolia *L.* *Id.* p. l.

— nudicaulis *L.* Arr^t de Grenoble. p.
— salicina *Lam.* Iles Canaries. l.

ORDRE 125. — **PLUMBAGINÉES.**

GONIOLIMON *Boiss.*
— speciosum *Boiss.* Russie mérid. p.

STATICE *Willd.*
— Bonduelli *Lestib.* Algérie. b. p.
— oxylepis *Boiss.* *Id.* p.
— occidentalis *Lloyd.* France. p.
— delicatula *Girard.* Espagne. p.
— latifolia *Smith.* Russie méridion. p.
— rosea *Smith.* Cap. l.
— cæsia *Girard.* Espagne. p.

ARMERIA *Willd.*
— mauritanica *Wallr.* Algérie. p.
— maritima *Willd.* France. p.
— alpina *Willd.* Arr^t de Grenoble. p.

— pubescens *Link.* France. p.
— purpurea *Koch.* Bavière. p.
— longearistata *Boiss.* et *Reut.* Alg. p.
— precox *Jord.* Dauphiné. p.
— sabulosa *Jord.* France. p.

PLUMBAGELLA *Spach.*
— micrantha *Spach.* Sibérie. a.

PLUMBAGO *Tourn.*
— europœa *L.* Dauphiné. p.
— scandens *L.* Amérique méridion. l.
— rosea *L.* Indes orientales. l.
— capensis *Thunb.* Cap. l.

VALORADIA *Hochst.*
— plumbaginoides *Boiss.* Chine. p.

ORDRE 126. — **PLANTAGINÉES.**

PLANTAGO *L.*
— major *L.* Arr^t de Grenoble. p.
— maxima *Ait.* Russie. p.
— media *L.* Arr^t de Grenoble. p.
— Cornuti *Gouan.* France. p.
— lanceolata *L.* Arr^t de Gren. a. b.
— altissima *L.* Ligurie. a. b.
— argentea *Chaix.* Dauphiné. p.
— saxatilis *Bieb.* Ibérie. p.
— fucescens *Jord.* Dauphiné. p.
— montana *L.* Arr^t de Grenoble. p.
— amplexicaulis *Cav.* Espagne. a.

— serpentina *Vill.* Arr^t de Gren. p.
— maritima *L.* France. p.
— subulata *L. Id.* p.
— carinata *Schrad. Id.* p.
— alpina *L.* Arr^t de Grenoble. p.
— coronopus *L.* Dauphiné. a.
— cynops *L.* Arr^t de Grenoble. p. l.
— psyllium *L.* Dauphiné ? a.
— stricta *Schousb.* Mauritanie. a.
— arenaria *W.* et *K.* Dauphiné. a.
— squarrosa *Murr.* Grèce. a.

SOUS-CLASSE 4. — MONOCHLAMYDÉES.

ORDRE 127. — **PHYTOLACCACÉES.**

PETIVERIA *Plum.*
— alliacea *L.* Mexique. l.

PIRCUNIA *Moq.*
— lathenia *Moq.* Népaul. b. p.

— esculenta *Moq.* Patrie inconnue. p.
— dioica *Moq.* Amérique mérid. l.

PHYTOLACCA *Tourn.*
— decandra *L.* France (*subspontané*). p.

ORDRE 128. — **SALSOLACÉES.**

BETA *Tourn.*
— trigyna *W.* et *K.* Hongrie. p.
— vulgaris *L.* — var. *maritima.*
France. b.
— — var. *cicla.* b.
— — var. *rapacea.* b.
— patula *Ait.* Ile de Madère. b.

TELOXYS *Moq.*
— aristata *Moq.* Ligurie. a.

CYCLOLOMA *Moq.*
— platyphyllum *Moq.* Amér. sept. a.

CHENOPODIUM *Tourn.*
— polyspermum *L.* Arr^t de Gren. a.
— vulvaria *L. Id.* a.
— ficifolium *Smith. Id.* a.
— atriplicis *L.* Sibérie. a.
— punctulatum *Scop.* Chili. a.
— opulifolium *Schrad.* Arr^t de Gren. a.
— hybridum *L. Id.* a.
— murale *L. Id.* a.
— rhombifolium *Muhlenb.* Am. sept. a.
— album *L.* Arr^t de Grenoble. a.
— viride *L. Id.* a.
— glaucum *L.* Dauphiné. a.
— ambrosioides *L.* France. a.
— anthelminticum *L.* Pensylvanie. p.

— chilense *Schrad.* Chili. p.
— graveolens *Willd.* Cap. a.
— botrys *L.* Arr^t de Grenoble. a.
— fœtidum *Schrad.* Russie mérid. a.
— bonus-Henricus *L.* Arr^t de Gren. p.

BLITUM *Tourn.*
— virgatum *L.* Dauphiné. a.
— capitatum *L. Id.* a.

MONOLEPIS *Schrad.*
— trifida *Schrad.* Amérique sept. a.

BOSEA *L.*
— yervamora *L.* Iles Canaries. l.

ATRIPLEX *Gærtn.*
— nitens *Rebent.* Allemagne. a.
— hortensis *L.* France. (*subspontané*). a.
— rosea *L.* Dauphiné. a.
— crassifolia *C. A. Mey.* France. a.
— laciniata *L. Id.* a.
— calotheca *Fries.* Suède. a.
— hastata *L.* Arr^t de Grenoble. a.
— patula *L. Id.* a.
— littoralis *L.* France. a.
— halimus *L. Id.* b.

ODIONE *Gærtn.*
— portulacoides *Moq.* France. l.

71

AXYRIS *L.*
— amarantoides *L.* Dahurie. a.

SPINACIA *Tourn.*
— glabra *Mill.* Orient. a.
— oleracea *Mill. Id.* a.

KOCHIA *Roth.*
— scoparia *Schrad.* France. a.

ECHINOPSILON *Moq.*
— hyssopifolius *Moq.* Sibérie. a.

CORISPERMUM *Ant. Juss.*
— hyssopifolium *L.* Dauphiné. a.
— nitidum *Kit.* Hongrie. a.

SUÆDA *Moq.*
— fruticosa *Forsk.* France. l.
— altissima *Pall.* Russie méridion. a.
— maritima *Dumort.* France. a.

SALSOLA *Gærtn.*
— kali *L.* France. a.
— — var. *tragus L.* Id. a.

ORDRE 129. — BASELLACÉES.

BASELLA *Rheed.*
— rubra *L.* Indes orientales. a. b.

ULLUCUS *Lozano.*
— tuberosus *Lozano.* Pérou. p.

BOUSSINGAULTIA *Kunth.*
— cordifolia *Ten.* Patrie incertaine. p.

ORDRE 130. — AMARANTACÉES.

DEERINGIA *R. Brown.*
— celosioides *R. Brown.* Népaul. l.

CELOSIA *L.*
— cristata *L.* Indes orientales. a.
— argentea *L. Id.* a.

ACROGLOCHIN *Schrad.*
— chenopodioides *Schrad.* Népaul. a.

HABLITZIA *Bieb.*
— tamnoides *Bieb.* Caucase. p.

AMARANTUS *Kunth.*
— caudatus *L.* Indes orientales. a.
— hypocondriacus *L.* Virginie. a.
— speciosus *Sims.* Népaul. a.
— paniculatus *L.* Indes orientales. a.
— retroflexus *L.* Arrt de Grenoble. a.
— patulus *Bertol.* Dauphiné. a.
— chlorostachys *Willd.* Amér. sept. a.
— hybridus *L. Id.* a.
— lœtus *Willd.* Mexique. a.
— spinosus *L.* Amérique méridior. a.
— tricolor *L. Id.* a.
— sylvestris *Desf.* Arrt de Grenob. a.
— albus *L.* France. a.

AMBLOGYNA *Rafin.*
— polygonoides *Rafin.* Antilles. a.

SCLEROPUS *Schrad.*
— amarantoides *Schrad.* Mexique. a.

EUXOLUS *Rafin.*
— emarginatus *Al. Braun et Bouch.* Mexique. a.
— lividus *Moq.* Amérique septent. a.
— oleraceus *Moq.* Indes orientales. a.
— viridis *Moq.* Arrt de Grenoble. a.
— caudatus *Moq.* Indes orientales. a.
— deflexus *Rafin.* France. a.

ACNIDA *Mitchell.*
— cannabina *L.* Amér. sep.ent. a.

ACHYRANTHES *L.*
— virgata *Poir.* Porto-Rico. l.

RODETIA *Moq.*
— Amherstiana *Moq.* Indes orient. l.

POLYCNEMUM *L.*
— majus *Al. Braun.* Arrt de Gren. a.

TELANTHERA *Moq.*
— polygonoides *Moq.* Brésil. p.
— porrigens *Moq.* Pérou. l.

GOMPHRENA *L.*
— coccinea *Dne.* Mexique. a.
— globosa *L.* Indes orientales. a.
— decumbens *Jacq.* Mexique. a.

FROELICHIA *Mœnch.*
— gracilis *Moq.* Texas. a.

ORDRE 131. — NYCTAGINÉES.

MIRABILIS *L.*
— jalapa *L.* Pérou. a. p.
— — var. *ambigua.* a. p.

— dichotoma *L.* Mexique. a. p.
— longiflora *L. Id.* a. p.

OxYBAPHUS *Vahl.*
— floribundus *Moq.* Amér. sept. p.

ABRONIA *Juss.*
— umbellata *Lam.* Californie. p.

BOUGAINVILLEA *Comm.*
— spectabilis *Willd.* Brésil. l.

ORDRE 132. — **POLYGONÉES.**

RHEUM *L.*
— rhaponticum *L.* Turquie d'Asie. p.
— undulatum *L.* Tartarie chinoise. p.
— palmatum *L.* *Id.* p.
— crassinervium *Mart.* p.
— macropterum *Mart.* p.
— tetragonopus *Mart.* p.
— australe *Don.* Népaul. p.

OxYRIA *Hill.*
— elatior *Hill.* Himalaya. p.
— digyna *Campd.* Arr¹ de Grenob. p.

EMEX *Neck.*
— spinosus *Neck.* Espagne. a.

RUMEX *L.*
— hydrolapathum *Huds.* Dauphiné. p.
— aquaticus *L.* France. p.
— cordifolius *Horn.* Russie. p.
— crispus *L.* Arr¹ de Grenoble. p.
— patientia *L.* France. p.
— alpinus *L.* Arr¹ de Grenoble. p.
— pulcher *L.* *Id.* p.
— hamatus *Trev.* Népaul. p.
— obtusifolius *L.* Arr¹ de Grenoble. p.
— conglomeratus *Murr.* *Id.* p.
— rupestris *Le Gall.* France. p.
— sanguineus *L.* Arr¹ de Grenoble. p.
— salicifolius *Weinm.* Californie. p.
— polygonifolius *Jacq. f.* p.
— verticillatus *L.* Amérique sept. p.
— acetosa *L.* Arr¹ de Grenoble. p.
— triangularis *DC.* Sicile. p.
— ambiguus *Gren.* p.
— papillaris *Boiss.* et *Reut.* Espagn. p.
— arifolius *All.* Arr¹ de Grenoble. p.
— thyrsoides *Desf.* France. p.
— acetosella *L.* Arr¹ de Grenoble. p.

— scutatus *L.* *Id.* p.
— vesicarius *L.* Algérie. a.

ATRAPHRAXIS *L.*
— spinosa *L.* Orient. l.

POLYGONUM *Gærtn.*
— divaricatum *L.* Sibérie. p.
— alpinum *L.* Dauphiné. p.
— ambiguum *H. Genev.* p.
— bistorta *L.* Arr¹ de Grenoble. p.
— viviparum *L.* *Id.* p.
— cuspidatum *Sieb.* et *Zucc.* Japon. p.
— orientale *L.* Indes orientales. a.
— tinctorium *Lour.* Cochinchine. a.
— lapathifolium *L.* Arr¹ de Gren. a.
— persicaria *L.* *Id.* a.
— serrulatum *Lag.* France. a.
— hydropiper *L.* Arr¹ de Grenoble. a.
— virginicum *L.* Amérique sept. p.
— equisetiforme *Sibth.* et *Smith.*
   Corse. p. l.
— aviculare *L.* Arr¹ de Grenoble. a.
— convolvulus *L.* *Id.* a.
— dumetorum *L.* *Id.* a.

FAGOPYRUM *Tourn.*
— cymosum *Meisn.* Népaul. p.
— rotundatum *Babing.* a.
— esculentum *Mœnch.* Asie temp. a.
— tataricum *Gærtn.* Allemagne. a.

MUEHLENBECKIA *Meisn.*
— nummulariæfolia *Ad. Brong.* l.

COCCOLOBA *Jacq.*
— excoriata *L.* Antilles. l.

BRUNNICHIA *Banks.*
— cirrhosa *Mich.* Amérique sept. l.

ORDRE 133. — **BÉGONIACÉES.**

BEGONIA *L.*
— discolor *R. Brown.* Chine. p.
— heracleifolia *Cham* et *Schl.* Mexiq. p.
— peponifolia *Ad. Brongn.* *Id.* p.
— hydrocotylifolia *Hook.* p.
— — var. *superba. Hort.* p.
— pentaphylla *Walps.* Brésil. p. l.
— platanifolia *Schott.* *Id.* l.
— longipes *Hook.* Mexique. l.
— peltata *Otto* et *Dietr.* *Id.* l.

— Dregei *Otto* et *Dietr.* Cap. l.
— dipetala *Grah.* Indes orientales. l.
— sanguinea *Raddi.* Brésil. l.
— maculata *Raddi.* *Id.* l.
— dichotoma *Jacq.* Caracas. l.
— incarnata *Link* et *Otto.* Brésil. l.
— manicata *Ad. Brongn.* l.
— semperflorens *Lk* et *Otto.* Brésil. p.
— carolinæfolia *Hort.* l.
— fuchsioides *Hook.* N.-Grenade. l.

ORDRE 134. — LAURINÉES.

CAMPHORA *Nees.*
— officinarum *Nees.* Japon. l.

PERSEA *Gœrtn.*
— indica *Spreng.* Iles Canaries. l.
— carolinensis *Nees.* Caroline. l.

BENZOIN *Nees.*
— odoriferum *Nees.* Amér. sept. l.

LAURUS *L.*
— nobilis *L.* France. l.

ORDRE 135. — PROTÉACÉES.

LEUCADENDRON *Herm.*
— concolor *R. Brown.* Nouv.-Holl. l.

GREVILLEA *R. Brown.*
— robusta *Cunningh.* N.-Hollande. l.

ANADENIA *R. Brown.*
— trifida *R. Brown.* N.-Hollande. l.

MANGLESIA *Endl.*
— cuneata *Endl.* Nouv.-Hollande. l.

HAKEA *Schrad.*
— pugioniformis *R. Brown.* Nouvelle-Hollande. l.
— ilicifolia *R. Brown.* *Id.* l.

ORDRE 136. — THYMÉLÉES.

PASSERINA *L.*
— annua *Spreng.* Arr^t de Grenoble. a.
— laxa *L.* Cap. l.

DAPHNE *L.*
— mezereum *L.* Arr^t de Grenoble. l.
— — var. *album.* l.
— laureola *L.* Arr^t de Grenoble. l.

— alpina *L.* Arr^t de Grenoble. l.
— striata *Tratt.* Dauphiné. l.
— cneorum *L.* France. l.
— Verloti *Gren.* et *Godr.* Arr^t de Grenoble. l.

PIMELEA *Banks* et *Soland.*
— drupacea *Labill.* N.-Hollande. l.

ORDRE 137. — SANTALACÉES.

THESIUM *L.*
— pratense *Ehrh.* Arr^t de Grenob. p.
— divaricatum *Jan.* *Id.* p.

OSYRIS *L.*
— alba *L.* Arr^t de Grenoble. l.

HELWINGIA *Willd.*
— rusciflora *Willd.* Japon. l.

ORDRE 138. — ÉLÉAGNÉES.

HIPPOPHAE *L.*
— rhamnoides *L.* Arr^t de Grenoble. l.

SHEPHERDIA *Nutt.*
— canadensis *Nutt.* Amérique sept. l.
— argentea *Nutt.* *Id.* l.

ELÆAGNUS *L.*
— angustifolia *L.* France. l.
— reflexa *Dne.* Japon. l.

ORDRE 139. — ARISTOLOCHIÉES.

ASARUM *Tourn.*
— europœum *L.* Arr^t de Grenoble. p.

ARISTOLOCHIA *Tourn.*
— sipho *L'Hér.* Amérique septent. l.

— tomentosa *Sims.* Amérique sept. l.
— fimbriata *Cham.* Brésil. b.
— clematitis *L.* Dauphiné. p.
— altissima *Desf.* Algérie. l.

10

ORDRE 140. — **EMPÉTRÉES.**

EMPETRUM *Tourn.*
— nigrum *L.* Arr^t de Grenoble. l.

ORDRE. 141. — **EUPHORBIACÉES.**

EUPHORBIA *L.*
— antiquorum *L.* Egypte. l.
— canariensis *L.* Iles Canaries. l.
— polygona *Haw.* Cap. l.
— neriifolia *L.* Indes orientales. l.
— caput-Medusæ *L.* Cap. l.
— tridentata *Lam. Id.* l.
— globosa *Sims. Id.* l.
— splendens *Bojer.* Madagascar. l.
— Breonii *Hort. Id.* l.
— atropurpurea *Brouss.* Iles Canar. l.
— dendroides *L.* France. l.
— palustris *L. Id.* p.
— procera *Bieb. Id.* p.
— fragifera *Jan.* Dalmatie. p.
— crioclada *Boiss.* et *Heldr.* Grèce. p.
— dulcis *L.* Arr^t de Grenoble. p.
— verrucosa *Lam. Id.* p.
— calendulæfolia *Vahl.* Mt Taurus. a.
— stricta *L.* Arr^t de Grenoble. a.
— platyphylla *L. Id.* a.
— helioscopia *L. Id.* a.
— ptericocca *Brot.* Corse. a.
— characias *L.* Dauphiné. p. l.
— Wulfenii *Hoppe.* Istrie. p. l.
— melapetala *Gasp.* Sicile. p.
— amygdaloides *L.* Arr^t de Gren. p.
— myrsinites *L.* Corse. p. l.
— glareosa *Bieb.* Caucase. p.
— nicæensis *All.* Dauphiné. p.
— pseudo-cyparissias *Jord.* Franc. p.
— mosana *Lejeune. Id* p.
— Fleuroti *Jord. Id.* p.
— salicetorum *Jord. Id.* p.
— salicifolia *Host. Id.* p.
— lucida *W.* et *K.* Hongrie. p.
— virgata *W.* et *K. Id.* p.
— cyparissias *L.* Arr^t de Grenoble. p.
— prunifolia *Jacq.* Amér. mérid. a.
— segetalis *L.* Dauphiné. a.
— lathyris *L. Id.* a.
— falcata *L.* Arr^t de Grenoble. a.
— exigua *L. Id.* a.
— peplus *L. Id.* a.
— chamæsyce *L.* Dauphiné. a.

POINSETTIA *Grah.*
— pulcherrima *Grah.* Mexique. l.
— cyatophora *Bartl.* Amér. mérid. a.

STILLINGIA *L. f.*
— sebifera *Mich.* Chine. l.

MERCURIALIS *L.*
— annua *L.* Arr^t de Grenoble. a.
— perennis *L. Id.* p.

ACALYPHA *L.*
— virginica *L.* Amérique septent. a.
— cordata *Thunb.* Cap. a.

RICINUS *Tourn.*
— communis *L.* Indes orientales. a.

CROTON *L.*
— pungens *Jacq.* Caracas. l.
— penicillatum *Vent.* Cuba. l.

CROZOPHORA *Neck.*
— tinctoria *Adr. Juss.* France. a.

CLUYTIA *Ait.*
— pulchella *L.* Cap. l.
— alaternoides *L. Id.* l.

PHYLLANTHUS *Swartz.*
— turbinatus *Sims.* Indes. l.
— niruri *L.* Indes orientales. a.

XYLOPHYLLA *L.*
— speciosa *H. Paris.* Antilles. l.
— angustifolia *Swartz.* Jamaïque. l.
— linearis *Swartz. Id.* l.

BUXUS *Tourn.*
— sempervirens *L.* Arr^t de Grenob. l.
— — var. *suffruticosa. Lam.* l.
— balearica *Lam.* Iles Baléares. l.

SARCOCOCCA *Lindl.*
— pruniformis *Lindl.* Népaul. l.

PACHYSANDRA *Mich.*
— procumbens *Mich.* Amér. sept. p.

ORDRE 142. — **PIPÉRACÉES.**

? CHLORANTHUS *Swartz.*
— inconspicuus. Chine. l.

PEPEROMIA *Ruiz* et *Pav.*
— blanda *H. B.* et *K.* Caracas. p. l.

— inæqualifolia *Ruiz* et *Pav.* Pérou.   p. l.
— incana *Dietr.* Amér. méridion.   l.

Piper *L.*
— celtidifolium *Desf.* Amér. mérid. l.
— discolorum *Desf.* Patrie inconnue. l.

ORDRE 143. — SAURURÉES.

Saururus *L.*
— cernuus *L.* Virginie.   p.

Houttuynia *Thunb.*
— cordata *Thunb.* Chine.   p.

Anemiopsis *Nutt.*
— californica *Hook.* Californie.   p.

ORDRE 144. — URTICACÉES.

Urera *Gaudich.*
— baccifera *Gaudich.* Antilles.   l.

Urtica *Gaudich.*
— urens *L.* Arrᵗ de Grenoble.   a.
— pilulifera *L.* France.   a.
— Dodartii *L.*   *Id.*   a.
— dioica *L.* Arrᵗ de Grenoble.   p.

Laportea *Gaudich.*
— canadensis *Gaudich.* Am. sept. p.

Boehmeria *Jacq.*
— penduliflora *Weddel.* Ind. orient. l.
— nivea *Hook.* et *Arn.* Chine.   p.
— cylindrica *Willd.* Amérique sept. p.

Parietaria *Tourn.*
— erecta *M.* et *K.* Arrᵗ de Gren.   ).

— diffusa *M.* et *K.* Arrᵗ de Gren. p.
— cretica *L.* Ile de Crète.   a.

Forskahlea *L.*
— angustifolia *Retz.* Madère.   a.

Gunnera *L.*
— scabra *L.* Afrique australe.   p.

Theligonum *L.*
— cynocrambe *L.* France.   a.

Cannabis *Tourn.*
— sativa *L.* Perse.   a.

Humulus *L.*
— lupulus *L.* Arrᵗ de Grenoble.   p.

Datisca *L.*
— cannabina *L.* Ile de Crète?   p.

ORDRE 145. — ULMACÉES.

Ulmus *L.*
— pedunculata *Foug.* France.   L
— americana *L.* Amér. septent.   L
— campestris *L.* Arrᵗ de Grenoble. l.
— — var. *latifolia.*   l
— — var. *crispa.*
— — var. *fastigiata.*   l.
— — var. *oxoniensis.*   l.
— — var. *stricta.*   L
— suberosa *Ehrh.* Arrᵗ de Grenob. l.
— montana *Smith.*   *Id.*   l.
— — var. *rugosa.*   l
— fulva *Mich.* Amér. septentrion. l.

Planera *Gmel.*
— aquatica *Gmel.* Amér. septentr. l.
— Richardi *Mich.* Caucase.   l.

Celtis *Tourn.*
— australis *L.* France.   l.
— Tournefortii *Lam.* Orient.   l.
— mississipiensis *Bosc.* Amér. sept. l.
— occidentalis *L.*   *Id.*   l.
— — var. *grandidentata*   l.
— Audibertiana *Spach.* Amér. sept. l.
— crassifolia *Lam.*   *Id.*   l.

ORDRE 146. — MORÉES.

Morus *Tourn.*
— nigra *L.* Russie méridionale.   l.
— alba *L.* Chine.   l.
— constantinopolitana *H. Par.* Turq. l.

— italica *H. Par.* Patrie incertaine. l.
— multicaulis *Perr.* Chine.   l.
— indica *L.*   *Id.*   l.
— rubra *L.* Amérique septent.   l.

Broussonetia *Vent.*
— papyrifera *Willd.* Chine. l.
— — var. *laciniata.* l.

Maclura *Nutt.*
— aurantiaca *Nutt.* Amér. sept. l.

Ficus *Tourn.*
— princeps *Kth.* et *Bouch.* Brésil. l.
— elastica *Roxb.* Indes orientales. l.
— rubiginosa *Vent.* N.-Hollande. l.
— stipulata *Thunb.* Chine. l.
— radicans *Desf.* Patrie inconnue. l.

— pyrifolia *Desf.* Patrie inconnue. l.
— benjamina *L.* Indes orieutales. l.
— lutescens *Desf.* Java. l.
— diversifolia *Blum. Id.* l.
— ulmifolia. *Lam. Id.* l.
— aquatica *Willd.* Indes. l.
— carica *L.* A^t de Gren. (subspont.) l.
— Drummondii *Hort.* l.

Dorstenia *Plum.*
— radiata *Lam.* Arabie. p. l.
— contrayerva *L.* Pérou. p.
— arifolia *Lam.* Brésil. p.

ORDRE 147. — **GARRYACÉES**.

Garrya *Lindl.*
— elliptica *Lindl.* Californie. l.

ORDRE 148. — **PLATANÉES**.

Platanus *L.*
— orientalis *L.* Grèce. l.

— occidentalis *L.* Amér. septent. l.

ORDRE 149. — **SALICINÉES**.

Salix *Tourn.*
— babylonica *L.* Tauride. l.
— — var. *annularis.* l.
— alba *L.* Arr^t de Grenoble. l.
— vitellina *L. Id.* l.
— fragilis *L. Id.* l.
— decipiens *Hoffm.* Angleterre. l.
— Russeliana *Smith. Id.* l.
— pentandra *L.* Arr^t de Grenoble. l.
— amygdalica *L. Id.* l.
— ligustrina *Host.* Autriche. l.
— lanceolata *Smith.* France. l.
— japonica *Thunb.* Japon. l.
— nigra *Willd.* Amér. sept. l.
— purpurea *L.* Arr^t de Grenoble. l.
— mirabilis *Host.* Allemagne. l.
— Lambertiana *Smith.* France. l.
— helix *L. Id.* l.
— rubra *L.* Arr^t de Grenoble. l.
— Pontederana *Schleich.* Suisse. l.
— daphnoides *Vill.* Arr^t de Gren. l.
— pomeranica *Willd.* Allemagne l.
— mollissima *Ehrh.* France. l.
— viminalis *L.* Arr^t de Grenoble. l.
— acuminata *Smith.* Suisse. l.
— holosericea *Willd.* Allemagne. l.
— Seringeana *Gaud.* Suisse. l.
— salviæfolia *Link. Id.* l.

— capræa *L.* Arr^t de Grenoble. l.
— cinerea *L. Id.* l.
— aurita *L.* Arr^t de Grenoble. l.
— incana *Schrank. Id.* l.
— phylicifolia *L. Id.* l.
— laurina *Smith.* Allemagne. l.
— hastata *L.* Dauphiné. l.
— nigricans *L.* Arr^t de Grenoble. l.
— rosmarinifolia *L.* Autriche. l.
— cœsia *Vill.* Dauphiné. l.
— arbuscula *L. Id.* l.
— reticulata *L.* Arr^t de Grenoble. l.
— retusa *L. Id.* l.
— herbacea *L. Id.* l.
Populus *Tourn.*
— alba *L.* Arr^t de Grenoble. l.
— — var. *nivea.* l.
— tremula *L.* Arr^t de Grenoble. l.
— grandideutata *Mich.* Amér. sept. l.
— nigra *L.* Arr^t de Grenoble. l.
— pannonica *Kit.* Hongrie. l.
— pyramidalis *Rozier.* Dalmatie. l.
— hudsonica *Bosc.* Amér. sept. l.
— virginiana *Desf. Id.* l.
— marilandica *Bosc. Id.* l.
— canadensis *Desf. Id.* l.
— angulata *L. Id.* l.
— candicans *Ait.* Canada. l.

ORDRE 150. — JUGLANDÉES.

CARYA *Nutt.*
— olivæformis *Nutt.* Amér. sept. l.
— amara *Nutt.* *Id.* l.
— porcina *Nutt.* *Id.* l.
— alba *Nutt.* *Id.* l.

JUGLANS *L.*
— regia *L.* Perse. l.
— — var. *præparturiens.* l.

— regia var. *heterophylla.* l.
— nigra *L.* Amérique sep.entrion. l.
— cinerea *L.* *Id.* l.
— cathartica *Mich.* *Id.* l.

PTEROCARYA *Kunth.*
— fraxinifolia *Kunth.* Perse. l.
— caucasica *Kunth.* Caucase. l.

ORDRE 151. — CUPULIFÈRES.

FAGUS *Tourn.*
— sylvatica *L.* Arrt de Grenoble. l.
— — var. *purpurea.* l.
— — var. *asplenifolia.* l.
— — var. *pendula.* l.
— americana *Sweet.* Amér. sept. l.

CASTANEA *Tourn.*
— vulgaris *Lam.* Arrt de Grenoble. l.
— — var. *macrocarpa.* l.

QUERCUS *Tourn.*
— pedunculata *Ehrh.* Arrt de Gren. l.
— — var. *laciniata.* l.
— fastigiata *Lam.* France. l.
— sessiliflora *Smith.* Arrt de Gren. l.
— alba *L.* Amérique septentrionale. l.
— obtusiloba *Mich.* *Id.* l.
— prinus *L.* *Id.* l.
— bicolor *Willd.* *Id.* l.
— macrocarpa *Mich.* *Id.* l.
— rubra *L.* *Id.* l.
— ægilops *L.* Espagne. l.

— Turneri *Willd.* Espagne l.
— Mirbeckii *Durieu.* Algérie. l.
— ilex *L.* Dauphiné. l.
— ballota *Desf.* Espagne. l.
— suber *L.* France. l.
— glabra *Thunb.* Japon. l.

CORYLUS *Tourn.*
— colurna *L.* Turquie d'Europe. l.
— avellana *L.* Arrt de Grenoble. l.
— — var. *maxima.* l.
— americana *Mich.* Amér. sept. l.
— tubulosa *Willd.* Lombardie. l.
— — var. *purpurea.* l.
— rostrata *Hort. Kew.* Amér. sept. l.

CARPINUS *Tourn.*
— betulus *L.* Arrt de Grenoble. l.
— — var. *quercifolia.* l.
— — var. *variegata.* l.
— dunensis *Scop.* Carniole. l.

OSTRYA *Micheli.*
— italica *Micheli.* France. l.

ORDRE 152. — BÉTULACÉES.

BETULA *Tourn.*
— verrucosa *Ehrh.* Arrt de Gren. l.
— pubescens *Ehrh.* *Id.* l.
— populifolia *Willd.* Amériq. sept l.
— dalecarlica *L.* Suède. l.
— papyracea *Willd.* Amér. septent l.
— lenta *L.* *Id.* l.
— nana *L.* France. l.

ALNUS *Tourn.*
— viridis *DC.* Arrt de Grenople. l.
— serrulata *Willd.* Amérique sept. l.
— incana *DC.* Arrt de Grenoble. l.
— glutinosa *Gærtn.* *Id.* l.
— — var. *laciniata.* l.
— — var. *oxyacanthifolia.* l.
— cordifolia *Ten.* Corse. l.

ORDRE 153. — MYRICÉES.

MYRICA *L.*
— gale *L.* France. l.
— cerifera *L.* Amérique septent. l.

— quercifolia *L.* Cap. l.
COMPTONIA *Banks.*
— asplenifolia *Banks.* Amér. sept. l.

ORDRE 154. — **CUPRESSINÉES.**

JUNIPERUS *L.*
— communis *L.* Arr¹ de Grenoble. l.
— — var. *oblonga.* l.
— — var. *pyramidalis.* l.
— alpina *Clus.* Arr¹ de Grenoble. l.
— prostrata *Pers.* Canada. l.
— sabina *L.* Dauphiné. l.
— excelsa *Bieb.* Tauride. l.
— virginiana *L.* Amérique sept. l.
— phœnicea *L.* Dauphiné mérid. l.

LIBOCEDRUS *Endl.*
— Doniana *Endl.* N.-Zéelande l.

THUYA *Tourn.*
— orientalis *L.* Chine. l.
— — var. *tatarica.* l.
— — var. *Warrheana.* l
— pendula *Lamb.* Japon. l.
— occidentalis *L.* Amérique sept. l.
— plicata *Donn.* *Id.* l.

FITZ-ROYA *Hook. f.*
— patagonica *Hook. f.* Patagonie. l.

CUPRESSUS *Tourn.*
— horizontalis *Mill.* Grèce. l.
— fastigiata *DC.* l.
— torulosa *Lamb.* Népaul. l.
— lusitanica *Mill.* Indes. l.
— funebris *Endl.* Chine. l.
— macrocarpa *Hartw.* Californie. l.

TAXODIUM *L. C. Rich.*
— distichum *L. C. Rich.* Amér. sept. l.

CRYPTOMERIA *Don.*
— japonica *Don.* Japon. l.

SEQUOIA *Endl.*
— sempervirens *Endl.* Californie. l.
— gigantea *Endl.* *Id.* l.

CUNNINGHAMIA *R. Brown.*
— sinensis *R. Brown.* Chine. l.

ORDRE 155. — **ABIETINÉES.**

ABIES *Tourn.*
— canadensis *Mich.* Amér. septent. l.
— Douglasii *Lindl.* *Id.* l.
— Fraseri *Lindl.* *Id.* l.
— vulgaris *Poir.* Arr¹ de Grenob. l.
— cephalonica *Loud.* Grèce. l.
— balsamea *Mill.* Amérique sept. l.
— pichta *Lindl.* Sibérie. l.
— pinsapo *Boiss.* Espagne. l.
— alba *Mich.* Amérique septent. l.
— — var. *cærulea.* l.
— nigra *Mich.* Amérique septent. l.
— orientalis *Poir.* Anatolie. l.
— picea *Mill.* Arr¹ de Grenoble. l.
— Smithiana *Wall.* Himalaya. l.

LARIX *Tourn.*
— dahurica *Turcz.* Sibérie. l.
— sibirica *Ledeb.* *Id.* l.
— americana *Mich.* Amér. sept. l.
— europœa *DC.* Dauphiné. l.

CEDRUS *Mill.*
— Libani *Barrel.* Mont Liban. l.
— atlantica *Manet.* Algérie. l.
— deodora *Loud.* Himalaya. l.

PINUS *Tourn.*
— cembra *L.* Arr¹ de Grenoble. l.
— excelsa *Wall.* Himalaya. l.
— strobus *L.* Amérique septent. l.
— ponderosa *Dougl.* *Id.* l.
— rigida *Mill.* *Id.* l.
— virginiana *Mill.* *Id.* l.
— canariensis *Smith.* Iles Canaries. l.
— pinaster *Soland.* France. l.
— pumilio *Hœnk.* Arr¹ de Grenob. l.
— uncinata *Ram.* *Id.* l.
— sylvestris *L.* *Id.* l.
— — var. *rigensis.* l.
— laricio *Poir.* Corse. l.
— — var. *calabrica.* l.
— austriaca *Hoss.* Autriche. l.
— Pallasiana *Lamb.* Tauride. l.
— Salzmanni *Dun.* France. l.
— pyrenaica *Lapeyr.* *Id.* l.
— alepensis *Mill.* *Id.* l.
— pinea *L.* *Id.* l.

ARAUCARIA *Juss.*
— brasiliensis *Lamb.* Brésil l.
— imbricata *H. Kew.* Chili. l.

ORDRE 156. — **TAXINÉES.**

GINKGO *L.*
— biloba *L.* Japon. l.

PODOCARPUS *L'Hérit.*
— neriifolia *Don.* Népaul. l.

— elongata *L'Hérit.* Cap. l.

TAXUS *Tourn.*
— baccata *L.* Arr¹ de Grenoble. l.
— — var. *fastigiata.* l.

ORDRE 157. — **GNÉTACÉES**.

EPHEDRA *Tourn.*
— distachya *L.* France.   1.

— altissima *Desf.* Algérie.   1.

ORDRE 158. — **CYCADÉES**.

CYCAS *L.*
— revoluta *Thunb.* Japon.

MACROZAMIA *Miquel.*
— spiralis *Miquel.* Nouv.-Hollande. 1.

CLASSE 2. — MONOCOTYLÉDONÉES.

SOUS-CLASSE 1. MONOCOTYLÉDONÉES PHANÉROGAMES.

ORDRE 159. — **ALISMACÉES**.

ALISMA *L.*
— plantago *L.* Arrᵗ de Grenoble.   p.
SAGITTARIA *L.*
— sagittæfolia *L.* Arrᵗ de Grenob.   p.

SCHEUCHZERIA *L.*
— palustris *L.* Arrᵗ de Grenoble.   p.
TRIGLOCHIN *L.*
— maritimum *L.* France.   p.
— palustre *L.* Arrᵗ de Grenoble.   p.

ORDRE 160. — **BUTOMÉES**.

BUTOMUS *Tourn.*
— umbellatus *L.* Dauphiné.   p.

HYDROCLEIS *L. C. Rich.*
— Humboldtii. *Endl.* Brésil.   p.

ORDRE 161. — **ORCHIDÉES**.

CYPRIPEDIUM *L.*
— insigne *Wall.* Indes orientales. p.
— venustum *Wall.* Id.   p.
— calceolus *L.* Arrᵗ de Grenoble. p.
GOODYERA *R. Brown.*
— discolor *Ker.* Brésil.   p.
— repens *R. Brown.* Arrᵗ de Gren. p.
SPIRANTHES *L. C. Rich.*
— elata *Lindl.* Antilles.   p.
— æstivalis *L. C. Rich.* Arrᵗ de Gren. p.
EPIPACTIS *Hall.*
— latifolia *All.* Arrᵗ de Grenoble.   p.
— atrorubens *Hoffm.* Id.   p.
— palustris *Crantz.* Id.   p.
LISTERA *R. Brown.*
— ovata *R. Brown.* Arrᵗ de Gren. p.
VANILLA *Swartz.*
— planifolia *Swartz.* Indes occid.   b.

CEPHALANTHERA *L. C. Rich.*
— ensifolia *L. C. Rich.* Arᵗ de Gren. p.
— rubra *L. C. Rich.* Id.   p.
PLATANTHERA *L. C. Rich.*
— bifolia *L. C. Rich.* Arrᵗ de Gren. p.
GYMNADENIA *R. Brown.*
— conopsea *R. Brown.* Arᵗ de Gren. p.
— odoratissima *Rich.* Id.   p.
— viridis *Rich.* Id.   p.
— albida *Rich.* Id.   p.
OPHRYS *R. Brown.*
— aranifera *Huds.* Arrᵗ de Gren.   p.
— arachnites *Reich.* Id.   p.
— apifera *Huds.* Id.   p.
— mucifera *Huds.* Id.   p.
ACERAS *R. Brown.*
— antropophora *R. Brown.* Arrᵗ de Grenoble.   p.
— hircina *Lindl.* Id.   p.

NIGRITELLA *L. C. Rich.*
— angustifolia *L. C. Rich.* Arr^t de Grenoble. p.

ANACAMPTIS *L. C. Rich.*
— pyramidalis *L. C. Rich.* Arr^t de Grenoble. p.

ORCHIS *R. Brown.*
— morio *L.* Arr^t de Grenoble. p.
— simia *Lam.* *Id.* p.
— purpurea *Huds.* *Id.* p.
— globosa *L.* *Id.* p.
— mascula *L.* *Id.* p.
— pallens *L.* *Id.* p.
— sambucina *L.* *Id.* p.
— latifolia *L.* *Id.* p.
— maculata *L.* *Id.* p.

MAXILLARIA *R. et Pav.*
— squalens *Hook.* Brésil. p.

ZYGOPETALUM *Hook.*
— Mackaii *Hook.* Brésil. p.

STANHOPEA *Hook.*
— tigrina *Batem.* Mexique. p.

PHAJUS *Lour.*
— grandifolius *Lour.* Cochinchine. p.

BLETIA *R. et Pav.*
— florida *R. Brown.* Indes occid. p.
— hyacinthina *R. Brown.* Chine. p.

EPIDENDRUM *Swartz.*
— elongatum *Jacq.* N.-Grenade. p. l.
— longiflorum *H. B. et K. Id.* p.

ISOCHILUS *R. Brown.*
— iridifolius *Hort.* p.

ERIA *Lindl.*
— stellata *Lindl.* Indes orientales. p.

DENDROBIUM *Swartz.*
— pulchellum *Roxb.* Indes orient. p.

ORDRRE 162. — ZINGIBÉRACÉES.

ALPINIA *L.*
— nutans *Roscoe.* Indes orientales. p.
— cardamomum *Roxb.* *Id.* p.

HEDYCHIUM *Kœnig.*
— angustifolium *Roxb.* Ind. orient. p.
— flavum *Wall.* *Id.* p.
— Gardnerianum *Wall.* *Id.* p.
— coronarium *Kœnig.* *Id.* p.

ROSCOEA *Smith.*
— purpurea *Smith.* Népaul. p.

KÆMPFERIA *L.*
— galanga *L.* Bengale. p.

MONOLOPHUS *Wall.*
— elegans *Wall.* Indes orientales. p.

CURCUMA *L.*
— longa *L.* Indes orientales. p.

ZINGIBER *Gœrtn.*
— officinale *Rosc.* Indes orient. p.

ORDRE 163. — CANNACÉES.

CANNA *L.*
— Warscewiczii *Dietr.* Costa-Rica. p.
— discolor *Lindl.* Ile de la Trinité. p.
— indica *L.* Amérique mérid. p.
— coccinea *Ait.* *Id.* p.

MARANTA *Plum.*
— sanguinea *Flore des serr.* Brésil. p.

CALATHEA *Meyer.*
— zebrina *Lindl.* Brésil. p.

ORDRE 164. — MUSACÉES.

MUSA *Tourn.*
— paradisiaca *L.* Indes orient. p.
— sapientum *L.* *Id.* p.
— maculata *Jacq.* Ile de France. p.
— sinensis *Sweet.* Chine. p.
— speciosa. *Ten.* Indes orient. ? p.

RAVENALA *Adans.*
— madagascariensis *Poir.* Madag. p.

STRELITZIA *Banks.*
— reginæ *Ait.* Cap. p.

ORDRE 165. — BROMÉLIACÉES.

ANANASSA *Lindl.*
— sativa *Lindl.* Amérique mérid. h.

ÆCHMEA *Ruiz et Pav.*
— fulgens *Ad. Brongn.* Brésil. p.

BILLBERGIA *Thunb.*
— pyramidalis *Lindl.* Brésil.   p.
— zebrina *Lindl.*   *Id.*   p.
— amœna *Lindl.* Amér. mérid.   p.
— iridifolia *Lindl.* Brésil.   p.

HOHENBERGIA *Schult. f.*
— strobilacea *Schult. f.* Brésil.   p.

PITCAIRNIA *L'Hérit.*
— muscosa *Mart.* Brésil.   p.
— flammea *Lindl.* *Id.*   p.

— punicea *Scheid.*   p.
— latifolia *Ait.* Antilles.   p.

TILLANDSIA *L.*
— acaulis Brésil.   p.

PHOLIDOPHYLLUM *Vis.*
— zonatum *Vis.* Patrie inconnue.   p.

NEUMANNIA *Ad. Brongn.*
— imbricata *Ad. Brongn.* Brésil.   p.

DICKIA *Schult. f.*
— rariflora *Schult. f.* Brésil.   p.

ORDRE 165. — HÆMODORACÉES.

ANIGOSANTHOS *Labill.*
— flavida *Red.* Nouv.-Hollande.   p.

— Manglesii *D. Don.* N.-Hollande. p.

ORDRE 166. — IRIDÉES.

FERRARIA *L.*
— undulata *L.* Cap.   p.

TIGRIDIA *Juss.*
— pavonia *Red.* Mexique.   p.

RIGIDELLA *Lindl.*
— orthantha *Paxt.* Mexique.   p.

CYPELLA *Herb.*
— Herberti *Sweet.* Buénos-Ayres. p.
— plumbea *Lindl.* Mexique.   p.

PATERSONIA *R. Brown.*
— glabrata *R. Brown.* .N.-Holland. p.

VIEUSSEUXIA *Laroch.*
— glaucopis *DC.* Cap.   p.

SISYRINCHIUM *L.*
— striatum *Smith.* Mexique.   p.
— aureum *Arrab.* Brésil.   p.
— convolutum *Red.* Cap.   p.
— iridifolium *H. B. et K.* Chili.   p

IRIS *Tourn.*
— tuberosa *L.* France.   p.
— persica *L.* Perse.   p.
— xiphium *L.* France.   p.
— spuria *L.* *Id.*   p.
— notha *Fisch.* Russie méridion.   p.
— Guldenstædtii *Lepech.* *Id.*   p.
— stenogyna *Red.* *Id.*   p.
— ochroleuca *L.* *Id.*   p.
— fœtidissima *L.* Dauphiné.   p.
— — var. *variegata.*   p.
— biglumis *Vahl.* Sibérie.   p.
— sibirica *L.* France.   p.
— flexuosa *Murr.* Patrie inconnue. p.

— pseudo-acorus *L.* Arr* de Gren. p.
— pumila *L.* Ligurie.   p.
— olbiensis *Hénon.* France.   p.
— variegata *L.* Autriche.   p.
— — var. *belgica.*   p.
— sambucina *L.* Lombardie.   p.
— squalens *L.* *Id.*   p.
— germanica *L.* Arr* de Grenoble. p.
— pallida *Lam.* Lombardie.   p.
— fimbriata *Vent.* Chine.   p.

MORÆA *L.*
— irioides *L.* Cap.   p.
— aurantiaca *A. Dictr.* *Id.*   p.

CIPURA *Aubl.*
— vaginata *Spach.* Brésil.   p.

PARDANTHUS *Ker.*
— chinensis *Ker.* Chine.   p.

LIBERTIA *Spreng.*
— pulchella *Spreng.* N.-Hollande. p.

GLADIOLUS *Tourn.*
— communis *L.* France.   p.
— segetum *L.* Arr* de Grenoble. p.
— Guepini *Koch.* France.   p.
— cardinalis *Curt.* Cap.   p.
— floribundus *Jacq.* *Id.*   p.
— Watsonius *Thunb.* *Id.*   p.
— psittacinus *Hook.* *Id.*   p.

ANTHOLYZA *L.*
— æthiopica *L.* Cap.   p.
— præalta *DC.* *Id.*   p.

IXIA *L.*
— polystachya *L.* Cap.   p.

— conica *Salisb.* Cap. p.
— speciosa *Andr.* Id. p.
— crocata *L.* Id. p.

WATSONIA *Mill.*
— iridifolia *Ait.* Cap. p.

GEISSORHIZA *Ker.*
— Hookeri *Hort.* p.

SPARAXIS *Ker.*
— tricolor *Ait.* Cap. p.

BABIANA *Ker.*
— ringens *Ker.* Cap. p.
— villosa *Ker.* Id. p.

ANOMATHECA *Ker.*
— cruenta *Lindl.* Cap. p.

LAPEYROUSIA *Pourr.*
— corymbosa *Ker.* Cap. p.

WITSENIA *Thunb.*
— corymbosa *Ker.* Cap. p.

TRICHONEMA *Ker.*
— speciosum *Ker.* Cap. p.

CROCUS *Tourn.*
— luteus *Lam.* Hongrie. p.
— nudiflorus *Smith.* France. p.
— sativus *L.* Italie. p.
— vernus *L.* Arrᵗ de Grenoble. p.

ORDRE 167. — ASTÉLIACÉES.

ASTELIA *Banks* et *Soland.*
— alpina *R. Brown.* N.-Hollande. p.

ORDRE 168. — HYPOXIDÉES.

HYPOXIS *L.*
— villosa *L.* Cap. p.

CURCULIGO *Gœrtn.*
— recurvata *Dryand.* Bengale. p.

ORDRE 169. — AMARYLLIDÉES.

GALANTHUS *L.*
— nivalis *L.* France. p.
— plicatus *Bieb.* Crimée. p.

LEUCOIUM *L.*
— æstivum *L.* France. p.
— vernum *L.* Arrᵗ de Grenoble. p.
— autumnale *L.* Espagne. p.

COOPERIA *Herb.*
— Drummondi *Herb.* Texas. p.

AMARYLLIS *L.*
— chloroleuca *Gawl.* Cap. p.
— candida *Lindl.* Buénos-Ayres. p.
— formosissima *L.* Mexique. p.
— vittata *L'Hér.* Cap. p.
— pulverulenta *Lodd.* p.
— spectabilis *Lodd.* (Pl. hybride.) p.
— Moreliana *Hort.* (Id.) p.
— purpurea *Ait.* Cap. p.
— belladona *L.* Id. p.
— aurea *L'Hér.* Chine. p.
— sarniensis *L.* Japon. p.
— undulata *L.* Cap. p.

GRIFFINIA *Gawl.*
— hyacinthina *Herb.* Brésil. p.

CRINUM *L.*
— canaliculatum *Roxb.* Australie. p.

— erubescens *Ait.* Amériq. mérid. p.
— virgineum *Mart.* Brésil. p.
— latifolium *L.* Indes orientales. p.
— capense *Herb.* Cap. p.

CLIVIA *Lindl.*
— nobilis *Lindl.* Afrique australe. p.

HOEMANTHUS *L.*
— multiflorus *Martyn.* Sierra-Léona. p.
— pubescens *L.* Cap. p.
— coccineus *L.* Id. p.

STRUMARIA *Jacq.*
— crispa *Gawl.* Cap. p.

COBURGIA *Sweet.*
— fulva *Herb.* Mexique. p.

CHLIDANTHUS *Herb.*
— fragrans *Herb.* Chili. p.

PANCRATIUM *L.*
— maritimum *L.* France. p.
— illyricum *L.* Corse. p.
— speciosum *Salisb.* Indes occid. p.
— amancaes *Gawl.* Brésil. p.
— parviflorum *Red.* Patrie inconn. p.

STERNBERGIA *W.* et *K.*
— lutea *Gawl.* France. p.

NARCISSUS *L.*
— pseudo-narcissus *L.* Ar¹ de Gren. p.
— incomparabilis *Mill.* France. p.
— odorus *L.* Id. p.
— jonquilla *L.* Id. p.
— biflorus *Curt.* Id. p.
— poeticus *L.* Arr¹ de Grenoble. p.
— tazetta *L.* France. p.
— subalbidus *Lois.* Patrie incona. p.

ALSTROEMERIA *L.*
— psittacina *Lehm.* Brésil. p.
— aurantiaca *Don.* Ile de Chiloé. p.

AGAVE *L.*
— americana *L.* France. p. l.
— — var. *variegata.* p. l.
— karatto *Mill.* Mexique. p. l.
— geminiflora *Gawl.* Am. mérid. p. l.
— recurva *Zucc.* Patrie inconn. p. l.

POLYANTHES *L.*
— tuberosa *L.* Indes occidentales. p.

BRAVOA *La Llav.* et *Lex.*
— geminiflora *La Ll.* et *Lex.* Mexiq. p.

ORDRE 70. — **DIOSCORÉES.**

DIOSCOREA *L.*
— villosa *L.* Amérique septentr. p.
— batatas *Dne.* Chine. p.
— brasiliensis *Willd.* Brésil. p.

TAMUS *L.*
— communis *L.* Arr¹ de Grenoble. p.

ORDRE 171. — **ASPIDISTRÉES.**

ASPIDISTRA *Gawl.*
— lurida *Gawl.* Chine. p.

ROHDEA *Roth.*
— japonica *Roth.* Japon. p.

OPHIOPOGON *Ait.*
— spicatus *Gawl.* Japon. p.

ORDRE 72. — **SMILACÉES.**

PARIS *L.*
— quadrifolia *L.* Arr¹ de Grenoble. p.

STREPTOPUS *L. C. Rich.*
— amplexifolius *DC.* Arr¹ de Gren. p.

CONVALLARIA *Neck.*
— majalis *L.* Arr¹ de Grenoble. p.

POLYGONATUM *Tourn.*
— vulgare *Desf.* Arr¹ de Grenoble. p.
— japonicum *Morr.* et *Dne.* Japon. p.

— multiflorum *All.* Arr¹ de Gren. p.
— oppositifolium *Wall.* Népaul. p.

MAYANTHEMUM *Wigg.*
— convallaria *Wigg.* Ar¹ de Gren. p.

SMILAX *Tourn.*
— aspera *L.* France. l.
— mauritanica *Poir.* Id. l.

RUSCUS *Tourn.*
— aculeatus *L.* Arr¹ de Grenoble. l.
— racemosus *L.* Caucase. l.

ORDRE 173 — **ASPARAGÉES.**

DRACÆNA *Vandelli.*
— draco *L.* Iles Canaries. l.
— reflexa *Lam.* Madagascar. l.
— marginata *Lam.* Id. l.
— fragrans *Gawl.* Guinée. l.
— Fontanesiana *Schult.* Il. Bourbon. l.

SANSEVIERA *Thunb.*
— guineensis *Willd.* Guinée. p.
— zeylanica *Willd.* Ile de Ceylan. p.

CORDYLINE *Comm.*
— Jacquini *Kunth.* Chine. l.

— heliconiæfolia *Otto* et *Die¹.* Chin. l.
— australis *Endl.* Nouv.-Zéelande. l.

DASYLIRIUM *Zucc.*
— acrotrichum *Zucc.* Mexique. p. l.
— serratifolium *Zucc.* Id. p. l.
— junceum *Zucc.* Id. p. l.

DIANELLA *Lam.*
— cœrulea *Sims.* Nouv.-Hollande. p.

ASPARAGUS *L.*
— tenuifolius *L.* Arr¹ de Grenoble. p.

— officinalis *L.* Arr^t de Grenoble. p.
— scaber *Brign.* France. p.
— maritimus *Pall.* Caucase. p.
— verticillatus *L.* Russie méridion. p.

MYRSIPHYLLUM *Willd.*
— asparagoides *Willd.* Cap. p.

EUSTREPHUS *R. Brown.*
— angustifolius *R. Brown.* N.-Holl. l.

ORDRE 174. — **ASPHODELÉES.**

LACHENALIA *Jacq.*
— pendula *Ait.* Cap. p.

EUCOMIS *L'Hér.*
— punctata *L'Hér.* Cap. p.
— regia *Ait. Id.*, p,

HYACINTHUS *Tourn.*
— orientalis *L.* Orient. p.
— provincialis *Jord.* France. p.
— precox *Jord.* Patrie inconnue. p.
— amethystinus *L.* France. p.

BELLEVALIA *Lapey.*
— romana *Reich.* France. p.

MUSCARI *Tourn.*
— ambrosiacum *Mœnch.* Asie Min. p.
— commutatum *Guss.* Sicile. p.
— racemosum *L.* Arr^t de Grenob. p.
— comosum *L.* Id. p.
— — var. *monstruosum.* p.

SCILLA *L.*
— parviflora *Desf.* Algérie. p.
— autumnalis *L.* Arr^t de Grenobl. p.
— obtusifolia *Poir.* Corse. p.
— hyacinthoides *L.* France. p.
— bifolia *L.* Arr^t de Grenoble. p.
— amœna *L.* France. p.
— peruviana *L.* Espagne. p.
— italica *L.* France. p.
— lingulata *Desf.* Algérie. p.

ENDYMION *Dumort.*
— patulus *Gren.* et *Godr.* France. p.

URGINEA *Steinh.*
— scilla *Steinh.* France. p.
— fugax *Steinh.* Ile de Sardaigne. p.
— japonica *H. Par.* Japon. p.

MYOGALUM *Link.*
— nutans *Link.* Arr^t de Grenoble. p.

ORNITHOGALUM *Salisb.*
— thyrsoides *Jacq,* Cap. p.
— arabicum *L.* France. p.
— pyramidale *L.* Portugal. p.
— narbonense *L.* France. p.
— pyrenaicum *L.* Arr^t de Grenob. p.
— caudatum *Ait.* Cap. p.
— graminifolium *Thunb. Id.* p.

— umbellatum *L.* Arr^t de Grenobl, p.
— Rudolphi *Jacq.* Cap. p.

UROPETALUM *Gawl.*
— serotinum *Gawl.* Dauphiné. p.

ALLIUM *L.*
— sativum *L.* France ? p.
— ophioscorodon *Don.* Italie mér. p.
— vineale *L.* Arr^t de Grenoble. p.
— Babingtonii *Boreau.* Angleterre. p.
— ampeloprasum *L.* Espagne. p.
— porrum *L. Id.* p.
— rotundum *L.* Arr^t de Grenoble. p.
— Deseglisei *Boreau.* France. p.
— sphœrocephalum *L.* Arr^t de Gr. p.
— schœnoprasum *L. Id.* p.
— — var. *alpinum. Id.* p.
— ascalonicum *L.* Syrie. p.
— fistulosum *L.* Sibérie. p.
— cepa *L.* Patrie inconnue. p.
— obliquum *L.* Sibérie p.
— rubellum *Bieb.* Ibérie. p.
— complanatum *Boreau.* Dauphin. p.
— oleraceum *L.* Arr^t de Grenoble. p.
— flexifolium *Jord.* France. p.
— carinatum *L.* Arr^t de Grenoble. p.
— flavum *L.* Dauphiné. p.
— pallens *L.* Arr^t de Grenoble. p.
— Cupani *Rafin.* Naples. p.
— saxatile *Bieb.* Dalmatie. p.
— flavidum *Ledeb.* Monts Altaï. p.
— nutans *L.* Sibérie. p.
— glaucum *Schrad. Id.* p.
— fallax *Don.* Arr^t de Grenoble. p.
— acutangulum *Schrad. Id.* p.
— albidum *Fisch.* Russie mérid. p.
— hymenorrhizum *Led.* Sibérie. p.
— suaveolens *Jacq.* Suisse. p.
— victorialis. *L.* Arr^t de Grenoble. p.
— odorum *L.* Sibérie. p.
— tataricum *L. Id.* p.
— narcissiflorum *Vill.* Arr^t de Gren. p.
— triquetrum *L.* France. p.
— roseum *L. Id.* p.
— ciliare *Red.* Italie. p.
— ursinum *L.* Arr^t de Grenoble. p.
— moly *L.* Espagne. p.

NOTOSCORDUM *Kunth.*
— fragrans *Kunth.* France. p.

TRITELEIA *Dougl.*
— uniflora *Lindl.* Buénos-Ayres. p.

DICHELOSTEMMA *Kunth.*
— congestum *Kunth.* Californie. p.

CALLIPROA *Lindl.*
— lutea *Lindl.* Californie. p.

AGAPANTHUS *L'Hér.*
— umbellatus *L'Hér.* Cap. p.
— — var. *variegatus.* p.

ALOE *Tourn.*
— spirella *Salm.-Dyck.* Cap. l.
— quinquangularis *Schult. Id.* l.
— pentagona *Haw. Id.* l.
— spiralis *L. Id.* l.
— rigida *DC. Id.*
— margaritifera *Ait. Id.*
— coarctata *Schult. Id.* p.
— retusa *L. Id.* p.
— cymbæfolia *Schrad. Id.* p.
— arachnoides *Mill. Id.* L
— prolifera *Haw. Id.* L
— abyssinica *Lam.* Abyssinie. L
— barbadensis *Mill.* Sicile. L
— paniculata *Jacq.* Cap. L
— variegata *L. Id.* L
— soccotrina *Lam. Id.* L
— saponaria *Haw. Id.* L
— Commelyni *Willd. Id.* l
— distans *Haw. Id.*
— ciliaris *Haw. Id.* l
— arborescens *Mill. Id.*
— ferox *Mill. Id.*
— acinacifolia *Jacq. Id.* p.
— carinata *Mill. Id.* p.
— verrucosa *Mill. Id.* p. l.
— subverrucosa *Salm.-Dyck. Id.* p. l.

LOMATOPHYLLUM *Willd*
— macrum *Salm.-Dyck.* IleMaurice. l.

KNIPHOFIA *Mœnch.*
— aloides *Mœnch.* Cap.. p.

ASPHODELUS *Reich.*
— albus *Mill.* Arr^t de Grenoble. p.
— subalpinus *Gren. et Godr. Id.* p.
— sphœrocarpus *Gr. et Godr.* Franc. p.
— microcarpus *Vis. Id.* p.
— fistulosus *L. Id.* p.

ASPHODELINE *Reich.*
— lutea *Reich.* Lombardie. p.
— cretica *Vis.* Italie. p.

BULBINE *L.*
— frutescens *Willd.* Cap. l.

HEMEROCALLIS *L.*
— graminea *Andr.* Sibérie. p.
— disticha *Donn.* Japon. p.
— fulva *L.* France. p.

FUNKIA *Spreng.*
— subcordata *Spreng.* Japon. p.
— ovata *Spreng. Id.* p.
— lancifolia *Spreng Id.* p.

PARADISIA *Mazz.*
— liliastrum *Bertol.* Arr^t de Gren. p.

PHALANGIUM *Juss.*
— ramosum *Lam.* Arr^t de Grenob. p.
— liliago *Schreb. Id.* p.

HARTWEGIA *Nees ab Es.*
— comosa *Nees ab Es.* Cap. l.

CUMINGIA *D. Don.*
— trimaculata *D. Don.* Chili. p.

CYANELLA *L.*
— capensis *L.* Cap. p.

ORDRE 175. — **LILIACÉES.**

ERYTHRONIUM *L.*
— dens-canis *L.* Arr^t de Grenoble. p.
TULIPA *Tourn.*
— suaveolens *Roth.* Europe austr. p.
— Gesneriana *L.* Russie mérid. p.
— — var. *monstruosa.* p.
— turcica *Roth.* Turquie. p.
— precox *Ten.* Dauphiné. p.
— Didieri *Jord.* Savoie. p.
— platystigma *Jord.* Dauphiné. p.
— Clusiana *Vent.* France. p.
— sylvestris *L. Id.* p.

— gallica *Delaun.* France. p.
— Celsiana *Red.* Arr^t de Grenoble. p.
GAGEA *Salisb.*
— lutea *Schult.* Arr^t de Grenoble. p.
LLOYDIA *Salisb.*
— serotina *Reich.* Arr^t de Grenob. p.
PETILIUM *L.*
— imperiale *Jaume.* Orient. p.
FRITILLARIA *Tourn.*
— persica *L.* Perse p.

— delphinensis *Gren.* Dauphiné. p.
— montana *Hoppe.* Dalmatie. p.

LILIUM *L.*
— martagon *L.* Arr^t de Grenoble. p.
— tigrinum *Gawl.* Chine. p.
— pomponium *L.* Arr^t de Gren. p.
— pyrenaicum *Gouan.* France. p.
— croceum *Chaix.* Arr^t de Gren. p.
— candidum *L.* Id. p.
— longiflorum *Thunb.* Japon. p.

YUCCA *L.*
— aloifolia *L.* Caroline. l.
— — var. *variegata.* l.
— gloriosa *L.* Amérique septent. l.
— undulata *Mart.* l.

PHORMIUM *Forst.*
— tenax *L.* Nouv.-Zéelande. p.

METHONICA *Herm.*
— superba *Lam.* Malabar. p.

ORDRE 176. — COLCHICACÉES.

BULBOCODIUM *L.*
— vernum *L.* Arr^t de Grenoble. p.

MERENDERA *Ram.*
— bulbocodium *Ram.* France. p.
— sobolifera *C. A. Mey.* Perse. p.

COLCHICUM *Tourn.*
— speciosum *Stev.* Ibérie. p.
— autumnale *L.* Arr^t de Grenoble. p.
— — var. *flore pleno.* p.
— alpinum *DC.* Arr^t de Grenoble. p.

UVULARIA *L.*
— perfoliata *L.* Amérique septent. p.

VERATRUM *Tourn.*
— nigrum *L.* Suisse. p.
— album *L.* Arr^t de Grenoble. p.
— — var. *viridiflorum. Id.* p.

TOFIELDIA *Huds.*
— calyculata *Wahlenb.* Ar^t de Gr. p.

MELANTHIUM *L.*
— triquetrum *Thunb.* Cap. p.

ORDRE 177. — PONTÉDÉRIACÉES.

PONTEDERIA *L.*
— cordata *L.* Amérique septent. p.

ORDRE 178. -- COMMELYNÉES.

DICHORISANDRA *Mikan.*
— ovata *Mart.* Brésil. p.
— thyrsiflora *Mikan. Id.* p.

ZEBRINA *Schnizl.*
— pendula *Schnizl.* p.

SPIRONEMA *Lindl.*
— fragrans *Lindl.* Mexique. p.

TRADESCANTIA *L.*
— subaspera *Gawl.* Amérique sept. p.
— virginica *L.* Id. p.
— crassula *Link et Otto.* Brésil. p.
— discolor *L'Hérit.* Amér. mérid. p.

COMMELYNA *L.*
— tuberosa *L.* Mexique. p.
— cœlestis *Willd. Id.* p.
— communis *L.* Amér. mérid. a.

ORDRE 179. — PALMIERS.

CHAMÆDOREA *Willd.*
— Schiedeana *Mart.* Mexique. l.
— elegans *Mart.* Id. l.

OREODOXA *Willd.* l.
— regia *Humb. et K.* Ile de Cuba. l.

ARECA *L.*
— rubra *Bory.* Ile de France. l.

SABAL *Adans.*
— Adansonii *Guersent.* Am. sept. l.

CHAMÆROPS *L.*
— humilis *L.* Espagne méridion. l.
— — var. *elata Mart.* l.
— histrix *Fraser.* Géorgie. l.

RHAPIS *L.*
— flabelliformis *Ait.* Chine mérid. l.

PHOENIX *L*
— dactylifera *L*. Afrique boréale. l.

— sylvestris *Roxb*. Indes oriental. l.

ORDRE 180. — PANDANÉES.

PANDANUS *L*.
— candelabrum *Beauv*. Afr. trop. l

FOUILLOA
— graminifolia *Ad. Brongn*. I. Bourb. l.

ORDRE 181. — HYDROCHARIDÉES.

STRATIOTES *L*.
— aloides *L*. France.   p.

VALLISNERIA *Michel*.
— spiralis *L*. France.   p.

ORDRE. 182. — POTAMÉES.

POTAMOGETON *L*.
— crispum *L*. Arr^t de Grenoble. p.

— densum *L*. Arr^t de Grenoble. p.

ORDRE 183. — LEMNACÉES.

LEMNA *L*.
— trisulca *L*. Arr^t de Grenoble. a.

— minor *L*. Arr^t de Grenoble. a.

ORDRE 184 — AROIDÉES.

AMBROSINIA *Bassi*.
— Bassii *L*. Sicile.   p.
ARISARUM *Tourn*.
— vulgare *Targ.-Tozz*. France. p.
BIARUM *Schott*.
— tenuifolium *Schott*. Espagne. p.
ARUM *Schott*.
— vulgare *Lam*. Arr^t de Grenoble. p.
— italicum *Mill*.   *Id*. p.
SAUROMATUM *Schott*.
— pedatum *Schott*. Caracas.   p.
DRACUNCULUS *Tourn*.
— vulgaris *Schott*. France.   p.
COLOCASIA *Ray*.
— antiquorum *Schott*. Egypte.   p.
— esculenta *Schott*. Amér. mérid. p.
— odora *Ad. Brongn*. Indes.   l.
CALADIUM *Vent*.
— violaceum *Desf*. Antilles.   p.
— hastifolium *Steud*. Patrie inconn. p.

XANTHOSOMA *Schott*.
— sagittifolium *Schott*. Brésil. p.
SYNGONIUM *Schott*.
— auritum *Schott*. Jamaïque.   l.
DIEFFENBACHIA *Schott*.
— seguine *Schott*. Antilles.   l.
ATHERURUS *Blume*.
— tripartitus *Blume*. Chine.   p.
RICHARDIA *Kunth*.
— africana *Kunth*. Cap.   p.
CALLA *Kunth*.
— palustris *L*. France.   p.
MONSTERA *Adans*.
— Adansonii *Schott*. Amér. mérid. i.
ANTHURIUM *Schott*.
— violaceum *Schott*. Jamaïque. l.
— lanceolatum *Kunth*. Amér. mér. l.
— variabile *Kunth*. Brésil.   l.
ACORUS *L*.
— calamus *L*. Dauphiné.   p.
— gramineus *Ait*. Chine.   p.

ORDRE 185. — TYPHACÉES.

TYPHA *Tourn*.
— latifolia *L*. Arr^t de Grenoble. p.
— angustifolia *L*.   *Id*.   p.
— minima *Hoppe*.   *Id*.   p.

SPARGANIUM *Tourn*.
— ramosum *Huds*. Arr^t de Gren. p.
— affine *Schnizl*.   *Id*.   p.

ORDRE 186. — JONCÉES.

XEROTES *R. Brown.*
— longifolia *R. Brown.* N.-Holl. p.

JUNCUS *DC.*
— maritimus *L.* France. p.
— conglomeratus *L.* Arr^t de Gren. p.
— glaucus *Ehrh.* *Id.* p.
— filiformis *L.* *Id.* p.
— triglumis *L.* *Id.* p.
— trifidus *L.* *Id.* p.
— lamprocarpus *Ehrh.* *Id.* p.
— sylvaticus *Reich.* *Id.* p.
— alpinus *Vill.* *Id.* p.
— obtusiflorus *Ehrh.* *Id.* p.

— compressus *Jacq.* Arr^t de Gren. p.
— bufonius *L.* *Id.* a.

LUZULA *DC.*
— maxima *DC.* Arr^t de Grenoble. p.
— spadicea *DC.* *Id.* p.
— albida *DC.* France. p.
— nivea *DC.* Arr^t de Grenoble. p.
— lutea *DC.* *Id.* p.
— vernalis *DC.* *Id.* p.
— flavescens *Gaud.* *Id.* p.
— multiflora *Lejeune.* *Id.* p.
— campestris *DC.* *Id.* p.
— pediformis *DC.* *Id.* p.
— spicata *DC.* *Id.* p.

ORDRE 187. — CYPÉRACÉES.

CYPERUS *L.*
— alternifolius *L.* Madagascar. p.
— flavescens *L.* Arr^t de Grenoble. a.
— fuscus *L.* *Id.* a.
— vegetus *Willd.* Chili. p.
— esculentus *L.* Espagne. p.
— strigosus *L.* Amérique sept. p.

MARISCUS *Vahl.*
— ovularis *Vahl.* Amér. septent. p.

SCHOENUS *Vahl.*
— nigricans *L.* Arr^t de Grenoble. p.

CLADIUM *R. Brown.*
— mariscus *R. Brown.* Dauphiné. p.

SCIRPUS *R. Brown.*
— sylvaticus *L.* Arr^t de Grenoble. p.
— atrovirens *Willd.* Amér sept. p.
— maritimus *L.* Arr^t de Grenoble. p.
— lacustris *L.* *Id.* p.
— Pollichii *Godr.* et *Gren.* *Id.* p.
— compressus *Pers.* *Id.* p.
— cœspitosus *L.* *Id* p.

ISOLEPIS *R. Brown.*
— holoschœnus *R.* et *S.* Arr^t de Gr. p.
— — var. *romanus.* France. p.

ELEOCHARIS *R. Brown.*
— palustris *R. Brown.* Ar^t de Gren. p.

ERIOPHORUM *L.*
— latifolium *Hoppe.* Arr^t de Gren. p.
— angustifolium *Roth.* *Id.* p.
— Scheuchzeri *Hoppe.* *Id.* p.
— vaginatum *L.* *Id.* p.

CAREX *L.*
— riparia *Curt.* Arr^t de Grenoble. p.
— nutans *Host.* Dauphiné. p.
— paludosa *Good.* Arr^t de Grenob. p.
— vesicaria *L.* *Id.* p.
— ampullacea *Good.* *Id.* p.
— hirta *L.* *Id.* p.
— maxima *Scop.* *Id.* p.
— lævigata *Smith.* France. p.
— sylvatica *Huds.* Arr^t de Gren. p.
— capillaris *L.* *Id.* p.
— hordeistichos *Vill.* Dauphiné p.
— punctata *Gaud.* France. p.
— distans *L.* Arr^t de Grenoble. p.
— flava *L.* *Id.* p.
— Oederi *Ehrh.* *Id.* p.
— frigida *All.* *Id.* p.
— sempervirens *Vill.* *Id.* p.
— hispidula *Gaud.* Dauphiné. p.
— ferruginea *Scop.* Arr^t de Gren. p.
— tenuis *Host.* *Id.* p.
— digitata *L.* *Id.* p.
— Halleriana *Asso.* *Id.* p.
— humilis *Leys.* *Id.* p.
— montana *L.* *Id.* p.
— precox *Jacq.* *Id.* p.
— pilulifera *L.* *Id.* p.
— tomentosa *L.* *Id.* p.
— glauca *L.* *Id.* p.
— pallescens *L.* *Id.* p.
— obæsa *All.* *Id.* p.
— alba *Scop.* *Id.* p.
— panicea *L.* *Id.* p.
— atrata *L.* *Id.* - p.
— nigra *All.* *Id.* p.
— cœspitosa *L.* Suède. p.

— acuta *L.* Arr¹ de Grenoble. p.
— vulgaris *Fries.* Id. p.
— mucronata *All.* Id. p.
— remota *L.* Id. p.
— canescens *L.* Id. p.
— leporina *L.* Id. p.
— ligerina *Gay.* France. p.
— brizoides *L.* Arr¹ de Grenoble. p.
— paniculata *L.* Id. p.
— muricata *L.* Id. p.

— divulsa *Good.* Arr¹ de Grenoble. p.
— vulpina *L.* Id. p.
— disticha *Huds.* Id. p.
— fœtida *All.* Id. p.
— curvula *All.* Id. p.
— Davalliana *Smith.* Id. p.
— rupestris *All.* Id. p.

ELYNA *Schrad.*
— spicata *Schrad.* Arr¹ de Grenob. p.

ORDRE 183. — GRAMINÉES.

LEERSIA *Soland.*
— oryzoides *Swartz.* Arr¹ de Gren. p.

ORYZA *L.*
— sativa *L.* Amérique méridión. a. b.

PHARUS *P. Browne.*
— brasiliensis *Raddi.* Brésil. a.

ZEA *L.*
— mays *L.* Paraguay. a.

COIX *L.*
— lachryma *L.* Indes orientales. a.

CORNUCOPIÆ *L.*
— cucullatum *L.* Grèce. a.

CRYPSIS *Ait.*
— schœnoides *Lam.* France. a.

ALOPECURUS *L.*
— agrestis *L.* Arr¹ de Grenoble. a.
— geniculatus *L.* Id. c.
— pratensis *L.* Dauphiné. r.
— lasiostachys *Link.* Portugal. r.
— Gerardi *Vill.* Arr¹ de Grenoble. r.
— utriculatus *Pers.* Id. a.

BECKMANNIA *Host.*
— erucæformis *Host.* Italie. a.

PHLEUM *L.*
— pratense *L.* Arr¹ de Grenoble. p.
— intermedium *Jord.* Dauphiné. p.
— precox *Jord.* Arr¹ de Grenoble. p
— serotinum *Jord.* Dauphiné. p
— alpinum *L.* Arr¹ de Grenoble. p
— Michelii *All.* Id. p
— ambiguum *Ten.* Italie. p.
— Bœhmeri *Wib.* Arr¹ de Grenob. p.
— asperum *Vill.* Id. a.
— tenue *Schrad.* France. a.

PHALARIS *L.*
— cœrulescens *Desf.* France. p.
— canariensis *L.* Espagne. a.

— minor *Retz.* France. a.
— paradoxa *L.* Id. p.
— arundinacea *L.* Arr¹ de Grenob. p.
— — var. *variegata.* p.

HOLCUS *L.*
— lanatus *L.* Arr¹ de Grenoble. p.
— mollis *L.* p.

HIÉROCHLOA *Gmel.*
— borealis *R. et S.* France. p.

ANTHOXANTHUM *L.*
— odoratum *L.* Arr¹ de Grenoble. p.
— Lloydii *Jord.* France. p.
— ovatum *Lag.* Espagne. a.

MILIUM *L.*
— effusum *L.* Arr¹ de Grenoble. p.

PANICUM *L.*
— eruciforme *Sibth. et Smith.* Grèce. a.
— sanguinale *L.* Arr¹ de Grenoble. a.
— glabrum *Gaud.* Id. a.
— mollissimum *Kunth.* Patr. incon. a.
— plicatum *Lam.* Ile Maurice. p.
— proliferum *Lam.* Amér. sept. p.
— virgatum *L.* Id. p.
— miliaceum *L.* Indes orientales. a.
— capillare *L.* France. a.
— colonum *L.* Espagne. p.
— crus-galli *L.* Arr¹ de Grenoble. a.
— oryzinum *Gmel.* Russie mérid. a.

SETARIA *Beauv.*
— italica *Beauv.* Russie méridion. a.
— germanica *Beauv.* Allemagne. a.
— sericea *R. et S.* Indes orientales. a.
— glauca *Beauv.* Arr¹ de Grenoble. a.
— viridis *Beauv.* Id. a.
— verticillata *Beauv.* Id. a.

PENNISETUM *Beauv.*
— cenchroides *L. C. Rich.* Algérie. a.

PENICILLARIA *Swartz.*
— spicata *Willd.* Indes orientales. a.

12

CENCHRUS *Beauv.*
— echinatus *L.* Barbarie.   a.
— tribuloides *L.* Amérique sept.   a.

LAPPAGO *Schreb.*
— racemosa *Willd.* Arr^t de Gren.   a.

PIPTATHERUM *Beauv.*
— paradoxum *Beauv.* France.   p.
— multiflorum *Beauv.* Id.   p.

LASIAGROSTIS *Link.*
— calamagrostis *Link.* Arr^t de Gren. p.
— splendens *Kunth.* Sibérie.   p.

STIPA *L.*
— pennata *L.* Arr^t de Grenoble.   p.
— capillata *L.*   Id.   p.
— gigantea *Lag.* Espagne.   p.
— tortilis *Desf.* France.   a.
— formicarum *Del.* Patrie inconn.   p.

CINNA *L.*
— arundinacea *L.* Amériq. sept.   p.

SPOROBOLUS *R. Brown.*
— tenacissimus *Beauv.* Mexique.   p.

AGROSTIS *L.*
— alba *L.* Arr^t de Grenoble.   p.
— verticillata *Vill.* Dauphiné.   p.
— vulgaris *With.* Arr^t de Grenoble. p.
— canina *L.*   Id.   p.
— Scheuchzeri *Jord.* et *Verlot. Id.*   p.
— alpina *Scop.*   Id.   p.
— rupestris *All.*   Id.   p.
— spica-venti *L.*   Id.   a.
— interrupta *L.*   Id.   a.

GASTRIDIUM *Beauv.*
— australe *Beauv.* Arr^t de Grenob.   a.

POLYPOGON *Desf.*
— monspeliensis *Desf.* France.   a.
— maritimus *Willd.*   Id.   a.

CALAMAGROSTIS *Adans.*
— littorea *DC.* Arr^t de Grenoble.   p.
— epigeios *Roth.*   Id.   p.

DEYEUXIA *Clar.*
.— varia *Kunth.* Arr^t de Grenoble.   p.
— sylvatica *Kunth.* France.   p.

ARUNDO *Kunth.*
— donax *L.* Dauphiné.   p.
— — var. *versicolor. Mill.*   p.

PHRAGMITES *Trin.*
— communis *Trin.* Arr^t de Gren.   p.

ECHINARIA *Desf.*
— capitata *Desf.* Dauphiné.   a.

BOISSIERA *Hochst.*
— bromoides *Hochst.* Perse.   a.

CYNODON *L. C. Rich.*
— dactylon *Pers.* Arr^t de Grenob.   p.

DACTYLOCTENIUM *Willd.*
— ægyptiacum *Willd.* Egypte.   a.

CHLORIS *Swartz.*
— polydactyla *Swartz.* Brésil.   a.
— meccana *Hochst.* et *Steud.* Arab.   a.

ELEUSINE *Gœrtn.*
— coracana *Gœrtn.* Japon.   a.
— rigida *Spreng.* Patrie inconnue.   a.

SPARTINA *Schreb.*
— cynosuroides *Willd.* Am. sept.   p.

CORYNEPHORUS *Beauv.*
— canescens *Beauv.* Dauphiné.   a.

DESCHAMPSIA *Beauv.*
— cæspitosa *Beauv.* Arr^t de Gren.   p.
— juncea *Beauv.* Dauphiné.   p.
— flexuosa *Griseb.* Arr^t de Gren.   p.

AIRA *L. (ex parte).*
— aggregata *Timeroy.* Dauphiné.   a.
— intermedia *Guss.* France.   a.
— provincialis *Jord.*   Id.   a.
— patulipes *Jord.* Dauphiné.   a.
— ambigua *De Notar.* France.   a.
— caryophyllea *L.* Arr^t de Grenob.   a.

LAGURUS *L.*
— ovatus *L.* France.   a.
— hispanicus *Jord.* Espagne.   a.

TRISETUM *Pers.*
— flavescens *Beauv.* Arr^t de Gren.   p.
— rigidum *R.* et *S.* Tauride.   p.
— distichophyllum *Beauv.* Ar^t de Gr. p.
— neglectum *R.* et *S.* France.   a.

AVENA *Beauv.*
— sativa *L.* Patrie incertaine.   a.
— orientalis *Schreb.*   Id.   a.
— strigosa *Schreb.* France.   a.
— nuda *L.* Patrie incertaine.   a.
— brevis *Roth.* France.   a.
— barbata *Brot.*   Id.   a.
— sterilis *L.*   Id.   a.
— fatua *L.*   Id.   a.
— convoluta *Presl. Id.*   p.
— sempervirens *Vill.* Dauphiné.   p.
— setacea *Vill.* Arr^t de Grenoble.   p.
— montana *Vill.*   Id.   p.
— Scheuchzeri *All.*   Id.   p.
— pubescens *L.*   Id.   p.

— pratensis *L.* Arr^t de Grenoble. p.
— bromoides *L.* Id. p.

GAUDINIA *Beauv.*
— fragilis *Beauv.* Arr^t de Grenobl. a.

ARRHENATHERUM *Beauv.*
— elatius *Gaud.* Arr^t de Grenoble. p.
— bulbosum *Presl.* Id. p.

DANTHONIA *DC.*
— decumbens *DC.* Arr^t de Grenob. p.

SESLERIA *Ard.*
— elongata *Host.* Toscane. p.
— cœrulea *Ard.* Arr^t de Grenoble. p.
— tenuifolia *Schrad.* Dalmatie. p.

AMMOCHLOA *Boiss.*
— pungens *Boiss.* Algérie. a.

ÆLUROPUS *Trin.*
— littoralis *Parl.* France. p.

ERAGROSTIS *Beauv.*
— megastachya *Link.* Arr^t de Gren. a.
— pœoides *Beauv.* Id. a.
— abyssinica *Link.* Abyssinie. a.
— pilosa *Beauv.* Arr^t de Grenoble. a.

DESMAZERIA *Dum.*
— sicula *Dum.* Sicile. a.

POA *Beauv.*
— sudetica *Hœnck.* Arr^t de Gren. p.
— viridis *Schreb.* Amérique sept. p.
— hybrida *Gaud.* France. p.
— trivialis *L.* Arr^t de Grenoble. p.
— pratensis *L.* Id. p.
— cenisia *All.* Id. p.
— compressa *L.* Id. p.
— serotina *Ehrh.* France. p.
— nemoralis *L.* Arr^t de Grenoble. p.
— laxa *Hœnck.* Id. p.
— alpina *L.* Id. p.
— concinna *Gaud.* Suisse. p.
— pumila *Host.* Id. p.
— bulbosa *L.* Arr^t de Grenoble. p.
— supina *Schrad.* Id. p.
— annua *L.* Id. a.

GLYCERIA *R. Brown.*
— aquatica *Wahlenb.* Arr^t de Gren. p.
— fluitans *R. Brown.* Id. p.
— distans *Wahlenb.* Arr^t de Gren. a. p.

BRIZA *L.*
— maxima *L.* France. a.
— media *L.* Arr^t de Grenoble. p.
— minor *L.* France. a.
— geniculata *Thunb.* Cap. a. p.

MELICA *L.*
— Magnolii *Godr.* et *Gren.* Arr^t de Grenoble. p.
— minuta *L.* France. p.
— nutans *L.* Arr^t de Grenoble. p.
— uniflora *Retz.* Id. p.
— altissima *L.* Hongrie. p.

MOLINIA *Mœnch.*
— cœrulea *Mœnch.* Arr^t de Gren. p.
— serotina *M.* et *K.* Id. p.

KOELERIA *Pers.*
— cristata *Pers.* Arr^t de Grenoble. p.
— alpicola *Godr.* et *Gr.* Dauphiné. p.
— valesiaca *Gaud.* France. p.
— setacea *DC.* Id. p.
— phleoides *Pers.* Arr^t de Gren. p.
— brachystachya *DC.* Espagne. a.

SCHISMUS *Beauv.*
— marginatus *Beauv.* France. a.

DACTYLIS *L.*
— glomerata *L.* Arr^t de Grenoble p.

CYNOSURUS *L.*
— cristatus *L.* Arr^t de Grenoble p.
— echinatus *L.* Id. a.
— corsicus *Jord.* Corse. a.

LAMARCKIA *Mœnch.*
— aurea *Mœnch.* France a.

FESTUCA *Gmel.*
— gigantea *Vill.* Arr^t de Grenoble. p.
— arundinacea *Schreb.* Id. p.
— elatior *L.* Id. p.
— sylvatica *Vill.* Id. p.
— drymeia *M.* et *K.* Autriche p.
— sclerophylla *Boiss.* et *Hoh.* Perse. p.
— spadicea *Gouan.* Arr^t de Gren. p.
— elegans *Boiss.* Espagne. p.
— varia *Hœnck.* Arr^t de Grenoble. p.
— pumila *Chaix.* Id. p.
— rubra *L.* Id. p.
— heterophylla *Lam.* Id. p.
— nigrescens *Lam.* Id. p.
— duriuscula *L.* Id. p.
— glauca *Lam.* Id. p.
— ovina *L.* Id. p.
— Halleri *All.* Dauphiné. p.

VULPIA *Gmel.*
— myuros *Reich.* Arr^t de Grenoble. a.
— pseudomyuros *Soy.-Willm.* Id. a.
— sciuroides *Gmel.* Id. a.
— ligustica *Link.* Corse. a.

SCLEROCHLOA *Beauv.*
— divaricata *Beauv.* France. a.
— rigida *Link.* Arr^t de Grenoble. a.

BROMUS L.
— asper Murr. Arr^t de Grenoble.　p.
— erectus Huds.　　　Id.　　p.
— purgans L. Canada.　　　p.
— inermis Leys. France.　　p.
— maximus Desf. Id.　　　a.
— madritensis L. Id.　　　a.
— rubens L. Arr^t de Grenoble.　a.
— tectorum L.　　　Id.　　a.
— sterilis L.　　　Id.　　a.
— lanceolatus Roth. France.　　a.
— squarrosus L. Arr^t de Grenoble. a.
— secalinus L.　　　Id.　　a.
— arvensis L.　　　Id.　　a.
— commutatus Schrad. Id.　　a.
— mollis L.　　　Id.　　a.
— Schraderi Kunth. Caroline.　a.

UNIOLA L.
— latifolia Mich. Amérique sept.　p.

DIARRHENA Beauv.
— americana Beauv. Amér. sept.　p.

ARUNDINARIA L. C. Rich.
— glaucescens Beauv. Indes orient. l.
— falcata Nees.　　　Id.　　l.

BAMBUSA Schreb.
— arundinacea Willd. Indes orient. l.

LOLIUM L.
— perenne L. Arr^t de Grenoble.　p.
— italicum Al. Braun. France.　p.
— multiflorum Lam.　　Id.　　a.
— linicola Sonder.　　Id.　　a.
— temulentum L. Arr^t de Grenob. a.

TRITICUM Beauv.
— vulgare Vill. Patrie inconnue.　a.
— turgidum L.　　　Id.　　a.
— durum Desf.　　　Id.　　a.
— polonicum L.　　　Id.　　a.
— dicoccum Schrank.　Id.　　a.
— monococcum L. Caucase.　　a.

SPELTA Ser.
— vulgata Jord. Patrie inconnue. a.
— albescens Jord.　　Id.　　a.
— cœrulescens Jord.　Id.　　a.
— inermis Jord.　　　Id.　　a,

AGROPYRUM Beauv.
— cristatum R. et S. Lombardie.　p.
— desertorum Schult. Russie mér. p.
— repens Beauv. Arr^t de Grenoble. p.
— campestre Godr. et Gren. Id.　p.
— rigidum R. et S. Autriche.　p.
— caninum R. et S. Arr^t de Gren. p.

BRACHYPODIUM Beauv.
— sylvaticum R. et S. Arr^t de Gren. p.

— pinnatum Beauv. Arr^t de Gren. p.
— distachyon Beauv. France.　　a.
— Halleri R. et S. Dauphiné.　a.
— tenuiflorum R. et S. Arr^t de Gren. a.

SECALE L.
— cereale L. Caucase.　　　b.
— fragile Bieb. Russie mérid.　b. p.

ELYMUS. L.
— arenarius L. France.　　p.
— sabulosus Bieb. Russie mérid.　p.
— sibiricus L. Sibérie.　　p.
— glaucifolius Muhlenb. Am. sept. p.
— dahuricus Turcz. Dahurie　p.
— striatus Willd. Amér. sept.　p.
— europœus L. Arr^t de Grenoble. p.

ASPRELLA Willd.
— hystrix Willd. Amér. sept.　p.

HORDEUM L.
— vulgare L. Tartarie.　　a.
— cœleste Viborg. Patrie inconnue. a.
— trifurcatum Hort.　Id.　　a.
— hexastichum L.　　Id.　　a. b.
— distichum L. Tartarie.　　a.
— nudum Arduin. Patrie inconnue. a.
— macrolepis. Al. Braun. Id.　a.
— zeocriton L.　　　Id.　　a.
— bulbosum L. France.　　p.
— murinum L. Arr^t de Grenoble.　a.
— maritimum With. France.　　a.

ÆGILOPS L.
— ventricosa Tausch. Espagne.　a.
— triuncialis L. France.　　a. b.
— speltæformis Jord. Id.　　a. b.
— ovata L. Dauphiné.　　a. b.
— triaristata Willd. France.　a. b.

NARDUS Trin.
— stricta L. Arr^t de Grenoble.　p.

PSILURUS Trin.
— nardoides Trin. Arr^t de Gren.　a.

LEPTURUS R. Brown.
— incurvatus Trin. France.　　a.
— subulatus Kunth.　Id.　　a.

TRIPSACUM L.
— dactyloides L. Amér. sept　p.

SACCHARUM L.
— officinarum L. Indes.　　p. l.

TRICHOLÆNA Schrad.
— rosea Nees ab Es. Cap.　　p.

IMPERATA Cyrill.
— arundinacea Cyrill. France.　p.

93

ERIANTHUS *L. C. Rich.*
— Ravennæ *Beauv.* France. p.

ANDROPOGON *Spreng.*
— provinciale *Lam.* France. p.
— ischæmum *L.* Arr^t de Grenoble. p.
— muricatus *Retz.* Bengale. p.

SORGHUM *Pers.*
— vulgare *Pers.* Indes orientales. a.
— cernuum *Willd.* Id. a.
— saccharatum *Pers* Id. a.
— halepense *Pers.* France. p.

Sous-CLASSE 2. MONOCOTYLÉDONÉES CRYPTOGAMES.

ORDRE 189. — **FOUGÈRES.**

PLATYCERIUM *Desv.*
— alcicorne *Desv.* Indes. p.

CETERACH *Adans.*
— officinarum *Willd.* Arr^t de Gren. p.

ALLOSURUS *Bernh.*
— crispus *Bernh.* Arr^t de Gren. p.

POLYPODIUM *L.*
— vulgare *L.* Arr^t de Grenoble. p.
— phegopteris *L.* Id. p.
— rhæticum *L.* Id. p.
— dryopteris *L.* Id. p.

CHEILANTHES *Swartz.*
— tomentosa *Link.* Mexique. p.

ADIANTHUM *L.*
— pubescens *Schkuhr.* N.-Holland. p.
— capillus-Veneris *L.* Arr^t de Gren. p.
— tenerum *Smith.* Antilles. p.

PTERIS. *L.*
— aquilina *L.* Arr^t de Grenoble. p.
— arguta *Ait.* Portugal. p.
— longifolia *L.* Antilles. p.
— cretica *L.* Corse. p.
— serrulata *L.* Japon. p.

LOMARIA *Willd.*
— spicant *Desv.* Arr^t de Grenoble. p.
— hastata *Kunze.* Chili. p.

STRUTHIOPTERIS *Willd.*
— germanica *Willd.* Suisse. P

ONOCLEA *L.*
— sensibilis *L.* Amérique septent. p

SCOLOPENDRIUM *Smith.*
— officinale *Smith.* Arr^t de Gren. p
— — var. *crispum.* p.

ASPLENIUM *L.*
— Belangeri *Kunze.* Java. p.

— adianthum nigrum *L.* Arr^t de Gr. p.
— filix-fœmina *Roth.* Id. p.
— Halleri *DC.* Id. p.
— trichomanes *L.* Id. p.
— viride *Huds.* Id. p.
— ruta-muraria *L.* Id. p.
— septentrionale *Swartz.* Id. p.

NEPHROLEPIS *Schott.*
— exaltata *Schott.* Antilles. p.

NEPHRODIUM *L. C. Rich.*
— molle *Presl.* Brésil. p

ASPIDIUM *Swartz.*
— coriaceum *Swartz.* Amér. mér. p.
— lonchitis *Swartz.* Arr^t de Gren. p.
— aculeatum *Doell.* Id. p.

POLYSTICHUM *Roth.*
— thelypteris *Roth.* Dauphiné. p.
— filix-mas *Roth.* Arr^t de Gren. p.
— cristatum *Roth.* France. p.
— spinulosum *DC.* Arr^t de Gren. p.
— rigidum *DC.* Id. p.

FADYENIA *Hook.*
— prolifera *Hook.* Antilles. p.

CYSTOPTERIS *Bernh.*
— fragilis *Bernh.* Arr^t de Gren. p.

DAVALLIA *Smith.*
— pixidata *Cav.* Nouv.-Hollande. p. 1.

WOODSIA *R. Brown.*
— hyperborea *R. Brown.* A^t de Gr. p.

OSMUNDA *L.*
— regalis *L.* Dauphiné. p.

BOTRYCHIUM *Swartz.*
lunaria *Swartz.* Arr^t de Grenoble. p.

OPHIOGLOSSUM *L.*
— vulgatum *L.* Arr^t de Grenoble. p.

ORDRE 190. — ÉQUISÉTACÉES.

EQUISETUM *L.*
— telmateya *Ehrh.* Arr^t de Gren. p.
— arvense *L.* *Id.* p.
— sylvaticum *L.* *Id.* p.

— palustre *L.* Arr^t de Grenoble. p.
— limosum *L.* *Id.* p.
— hyemale *L.* Dauphiné. p.
— variegatum *Schleich.* Arr^t de Gr. p.

ORDRE 191. — RHIZOCARPÉES.

MARSILEA *L.*
— pubescens *Ten.* France. p.

ORDRE 192. — LYCOPODIACÉES.

PSILOTUM *Swartz.*
— triquetrum *Swartz.* Indes. p. l.
LYCOPODIUM *L.*
— selago *L.* Arr^t de Grenoble. p.
— annotinum *L.* *Id.* p.

SELAGINELLA *Beauv.*
— denticulata *Link.* France. p.
— veticulosa *Kl.* Vénézuéla. p.

NOTE SUR DEUX PLANTES DE L'ORDRE DES CRUCIFÈRES.

I. Le Jardin botanique de Grenoble a reçu en 1855, de M. V. Reboud, chirurgien attaché à l'armée d'Afrique, des graines d'un certain nombre de plantes récoltées par lui en Algérie, parmi lesquelles il s'est trouvé une espèce de *Sisymbrium* qui nous paraît nouvelle, et à laquelle nous attachons le nom de M. Reboud. En voici la description, faite sur des échantillons cultivés et un spontané :

SISYMBRIUM REBOUDIANUM *Nob.* — Racine fusiforme, grêle ; tige haute de 2 à 4 décimètres, finement pubescente, effilée, simple lors des premières fleurs, rameuse ensuite au sommet, à rameaux grêles un peu étalés ; feuilles *petites*, les radicales roncinées-pinnatifides, à lobes entiers, ovales-aigus, (longues seulement de 2 à 3 centimètres, y compris le pétiole), pubescentes blanchâtres ; les caulinaires également de 2 à 3 centimètres de long et pubescentes blanchâtres, de forme variable : tantôt sessiles, lyrées, à plusieurs segments aigus à la base, entières et terminées en pointe au sommet ; tantôt lanceolées ou linéaires avec quelques incisions peu profondes ; tantôt, enfin, lanceolées ou linéaires entières, atténuées en pétiole à la base ; fleurs très-petites, d'un jaune pâle, à calice peu ouvert, pubescent-hérissé ; siliques longues de 3 à 4 centimètres, à peu près lisses, assez distantes, portées sur des pédicelles étalés-dressés, longs de 3 à 5 millimètres ; graines très-petites, d'un jaune pâle. — Plante annuelle, originaire de la partie orientale du Sahara algérien, entre Djelfa et Lagouhat.

Cette espèce se rapproche par ses petites fleurs et la forme de ses siliques des *Sisymbrium irio L.* et *nitidum Zea*, mais elle s'en éloigne par ses feuilles, beaucoup plus petites, de forme différente, fortement pubescentes-cendrées et non lisses.

II. ERYSIMUM AUTARETICUM *Nob.* — Au moment de l'impression des Crucifères de ce catalogue, nous avons donné ce nom à une espèce que nous avions observée, dès 1846, au Lautaret, et que nous avons rapportée vivante de ce lieu, cette année, au jardin, pensant qu'elle devait constituer une espèce nouvelle ; mais, depuis, des renseignements reçus de plusieurs personnes auxquelles nous avons communiqué des échantillons de notre plante, notamment de M. Al. Jordan, nous ont fait reconnaître qu'elle n'était autre que l'*Erysimum helveticum DC* ; plante, du reste, à ajouter à la flore française. Il faut donc substituer ce dernier nom à la place de notre *Erysimum autareticum.* — L'*Erysimum helveticum DC* est très-longuement décrit dans le *Systema naturale* de Decandolle, pag. 501, auquel nous renvoyons, tant pour sa description que pour sa synonymie.

ARBRES FRUITIERS

CULTIVÉS AU JARDIN FRUITIER (ANNEXE DU JARDIN BOTANIQUE).

———

NOTA. Des boutures, crossettes ou greffes de ces *arbres* sont donnnées aux personnes qui en font la demande, toutes les fois que la chose est possible, en s'adressant par lettre , soit à M. le Maire de Grenoble, soit directement au Jardin botanique.

———

ABRICOTIERS.

Angoumois.	De Nancy.	Royal.
Commun.	De Portugal	

CERISIERS.

Bigarreau d'Espéren.	Belle d'Orléans.	Dona Maria.
— moustrueux de Mézel.	De Saint-G lles.	Griotte belle de Sceaux.
— Napoléon.	De la reine Hortense.	Hybride de Lacken.

FIGUIERS.

Angélique.	A gros fruits blancs.	Toulousienne.
De Versailles.	A fruits violets.	

FRAMBOISIERS.

A fruits blancs.	César rouge.	Falstolff Seedling.
A gros fruits noirs.	Des Anglais, à très-gros fruits.	Merveille des quatre saisons.
César blanc.	Du Chili.	

GROSEILLIERS A GRAPPES.

De Hollande, à fruits blancs.	Cerise.	La Fertile.
De Knight.	Gondouin.	— de Paluau.
Du Caucase.	A gros fruits (*macrocarpa*).	Queen Victoria.

GROSEILLIERS ÉPINEUX.

Aflollo.	Médal.	Rockwood.
Cheshire lass.	Markman.	Saly Pointer.
Goldem Chaine.	Mémorin.	Très-gros-blanc hérissé.
Justicia	Roaring.	

PÊCHERS.

Belle Beauce.
— de Vitry.
Bellegarde ou Galande.
Bourdine.

Chevreuse hâtive.
De Malte ou Belle de Paris.
Grosse Magdeleine.
— mignonne.

Incomparable.
Michat ou P. d'Egypte.
Téton de Vénus.
Vineuse de Fromentin.

POIRIERS.

Adèle de Saint-Denis.
Alexandre Bivort.
Alexandre Lambré.
Angélique de Bordeaux.
Arbre courbé (Van Mons).
Augustine Lelieur.
Beau présent d'Artois.
Belle angevine ou Angora.
Belle de Bruxelles.
Belle épine Dumas.
Bellissime d'été.
Bergamotte cadette.
— crassane d'hiver.
— d'été.
— de la Pentecôte.
— de Parthenay.
— de Stryker.
— Dussart.
— Espéren.
— Sageret.
— Sylvange.
Beurré Benoît.
— Berckmans.
Beurré Beymont.
— Bretonneau.
— bronzé.
— Capiaumont.
— Clairgeau.
— Colmar.
— Curtet.
— d'Amanlis.
— — panaché.
— d'Anjou.
— d'Arenberg.
— de Beaumont.
— Davy.
— d'Hardenpont.
— de Malines.
— de Mongeron.
— Diel ou B. magnifique.
— de Rans ou de Noirchain.
— de Sterckmans.
— des charneuses.
— Derouineau.
— Dumortier.
— Giffard.
— Goubaut.
— gris
— gris d'hiver nouveau.

Beurré Hardy.
— Millet.
— Moiret.
— Saint-Nicolas.
— superfin.
— Thouin.
Bézy de Caissoy.
— de Chaumontel.
— de la Motte.
— des vétérans.
Blanquet le gros.
Bon-Chrétien d'été.
— d'hiver.
— Napoléon.
— William.
Bonne d'Esée.
Broom-park.
Calebasse d'été.
— Tougard.
Capucine (Van Mons).
Chapellan ou mirmandon.
Citron des carmes.
Colmar Bonnet.
— d'Arenberg.
— des invalides.
— van Mons.
Comte de Flandres.
— de Paris.
Conseiller de la cour.
Crassane d'automne.
Curé (de) ou belle de Berry.
Délice d'Hardenpont.
— de Jodoigne.
— de Louvenjoul.
Des deux sœurs.
Dingler.
Doyenné blanc.
— d'Alençon.
— du comice d'Angers.
— gris ou D. roux.
— Goubault.
— musqué.
— panaché.
— Sentelet.
— Sieulle.
Duchesse d'Angoulême.
— panachée.
Elisa d'Heyst.
Emilie Bivort.

Epargne ou Beau présent.
Eschasséry.
Espérine (Van Mons).
Ferdinand de Meester.
Fin or de septembre.
Fondante de Charneux.
— de Malines.
— de Noël.
Forel ou Truite.
Fortunée (Parmentier).
Gloire de Cambronne.
Glaslin.
Henri IV (Van Mons).
— Van Mons.
Impériale à feuille de chêne.
Joséphine de Malines.
Léon Leclerc (Van Mons).
Louise bonne d'Avranches.
Marie-Louise (Duquesne).
— Delcourt.
Micil.
Monseigneur Affre.
Newton Virgalien.
Nouveau Poiteau.
— Simon Bouvier.
Passe Colmar.
— vineux.
Pater noster.
Phœnix.
Poiteau (Van Mons).
Reine des Belges.
Rousselet de Reims.
— Jamain.
Saint-Germain d'hiver.
— Michel archange.
— Nicolas.
Sèckle.
Seigneur d'Espéren.
Soldat laboureur.
Spoelberg.
Suzette de Bavay.
Sygnoret.
Triomphe de Jodoigne.
Urbaniste ou Beurré picquery.
Van Mons (Léon Leclerc.
Verte longue.
Virgouleuse.

POMMIERS.

Abricot (*variété à cidre*).
Alexandre.
Api rouge (le gros).
— (le petit).
Barnes fancy.
Bédende (*variété à cidre*).
Belle de Doué.
— Dubois.
— fleur.
— fille normande.
— Joséphine, ménagère.
Bougue preuve.
Calville blanche d'hiver.
— impériale.
— rouge d'été.
— rouge d'Anjou.
Capucine de Tournay.
Cathead greening.
Condome (*A. Leroy*).
Court pendu rouge.
Domine.
Donclair (*A. Leroy*).
Duitche mignonne.
Fédéral Pearmain.
Fenouillet gris.
— jaune.
Golden Russeling.
Gravenstein.
Gros faros.

Gros vert.
Hâtive de Pézénas.
King sweeting.
Lachaudon.
Lady Finger.
Menoux.
Mahinon fror (*variété à cidre*).
Mignonne d'hiver.
Moncell's (*A. Leroy*).
Monstrous pippin.
Nine parner et le russet.
Ostogatte.
Parmentier.
Patte de loup.
Pigeon d'hiver.
Pigeonnet.
Platelle.
Pomme d'Eve.
— de Sédan.
Postophe d'hiver.
Prierley.
Rambourg d'hiver.
Reine des reinettes.
Reinette Baumann.
— blanche tardive.
— brodée.
— cuivrée.
— Dalbeau.
— d'Angleterre.

Reinette de Bretagne.
— de Cantorbéry.
— de Caux.
— de Doué.
— de Flandre.
— de Hollande.
— d'Espagne.
— dorée ou Golden pippin.
— du Canada.
— du Vigan.
— franche.
— grise de Champagne.
— haute bonté.
— jaune tardive.
— lisse (*A. Leroy*).
— rouge.
— royale d'Angleterre.
— verte Capendu.
— — du Christ.
Sans-pareille (pomme).
Saint-Laurent (*variété à cidre*).
Saint-Sauveur.
Solce moore sweeting.
— Striped greening.
Vanderver.
Vogoyeau.
Vermont non pareil.

PRUNIERS.

Coès Golden drop.
D'Agen ou robe de sergent.
Impériale blanche.
Mirabelle de Metz.

Reine-Claude de Bavay.
— — de Mérode.
— — Dauphine.
— — monstrueuse d'Oullins.

Royale de Tours.
Sainte-Catherine.
Surpasse Monsieur.

VIGNES.

1° *Plants de l'Isère.*

Aguzelle blanche. b. (1)
Avilleran. b.
Barbezina blanc. b.
— grenais. b.
Bogiaros ou Rogiaros. b.
Bourme. b.

(1) La lettre *b* qui suit le nom signifie que le raisin est blanc, la lettre *n* qu'il est noir, et la lettre *r* qu'il est rouge.
Les cépages de l'Isère ont été décrits pour la plupart par M. Albin Gras, dans l'*Alman. de la Soc. d'agric. de Grenob.*, 1846.

Candive. n.
Colombard. b.
Corbesse. n.
Cornelanche. n.
Cugniette. b.
Cuvillier. n.
Dame (la). b.
Étraire (grosse). n.
— (petite). n.
Fiat. b.
Gaïté (la) r.
Galopine. b.
Gamiau rouge. r.
Goinche (a) r.

Goulu blanc. b.
Grec ou Gray blanc. b.
— — rouge. r.
Jaille (la). r.
Maconna. b.
Martin Cote. b.
Mursaune. b.
Pelourcin. n.
Picot rouge. n.
Poriénat ou Pouriénat. b.
Provareau. n.
Recamolle. n.
Remollon. n.
Requête. n.

13

Revolat ou Revoulat. b.
Riclaux (les). b.
Salvogie. b.
Savoyanche ou Mondeuse. n.
Sept-en brot. r.
Serenèze de la Tronche. n.
— de Voreppe. n.
Servagnie. b.
Teinturier. n.
Verdesse. b.
Vernaire ou Vernairi. r.
Viougne ou Viaune. n.

2° *Plants produisant des raisins de table.*

Agudet blanc (Tarn et Gar.). b.
Brustiano blanc (Corse). b.
Caillaba (Hautes-Pyrénées). n.
Chasselas blanc ordinaire. h.
— — hâtif. b.
— Ciotat. b.
— de la Palestine. r.
— de Pondichéry.
— Diamant. b.
— Napoléon. b.
— noir, à gros grains. n.
— rouge. r.
— rose ou Tramuntaner. r.
— violet. n.
Clairette. r.
Cornichon blanc.
Corinthe le gros, avec pépins. b.
— le petit, sans pépins. b.
Cornet noir (Drôme). n.
Damas violet (Hérault). n.
Fendant roux (Suisse). r.
Frankental. n.
Gros Guillaume. r.
Jubi (Hérault). b.
Keshmish blanc (Perse). b.
Madeleine blanche. b.
— — de la Dorée. b.
Malvoisie blanche (Drôme). b.
— rose r.
— rouge d'Italie. r.
Morillon hâtif. n.

Morillon panaché. n.
Monstrueux de Decandolle. r.
Muscat arrouya (H.-Pyrén.). n.
— blanc. b.
— — Eugénie. b.
— d'Alexandrie ou d'Es-
pagne. b.
— Jésus. n.
— noir (Jura). n.
— rose. r.
— rouge de Madère. r.
Muskateller Weiss (Autrich.). b.
Muskatellier noir (Genève) n.
Okoo zolloszeum (Hongrie). r.
Olivette rose (Hérault). r.
Panse blanche précoce. b.
St-Jacques (Pyrénées orient). n.
Terre promise (raisin de la). b.
Ulliade noire (Gard). n.
Vigne d'Ischia. n.

3° *Plants divers, à faire du vin.*

Aligotey (Côte d'Or). b.
Alkermès (Perse).
Andène noir (Tarn et Gar.). n.
Arbois (Maine et Loire). n.
Baclan noir (petit) (Jura). n.
Balavri (Pô). n.
Barbera nera d'Asti. n.
Bernardy (plant de) b.
Blauer portugieser (Autrich.). n.
Carao de Monca blanc. b.
Carmenet noir (Gironde). n.
Chardeney ou Pineau blanc. b.
Catawba ou Katawba. r.
Danesy blanc (Allier). b.
Doradilla blanc (Espagne). b.
Donzelinho do Castello (Esp.). n.
Epinette blanche (Champag.). b.
Erbalus rose (Piémont). r.
Fendant blanc (Genève). b.
Flourou ou Flouron. (Drôme). n.
Furmint blanc (Hongrie). b.
Gamay blanc (Côte d'Or). b.
— d'Arcenant Id. n.
— de Bévy. Id. n.

Gamay de Mâlain (Côte d'Or). n.
— rond Id. n.
Granulata blanc (Sicile). b.
Greca rossa (Italie). r.
Grenache (Hérault). n.
Giro noir (Corse). n.
Lachryma-Christi (Naples). n.
Malvazia de la Cartuja. b.
— fina de Madère. r.
Malvoisie de Lasseraz. b.
— de Tarragone. b.
— rousse (Tarn et Gar.). r.
— violette (H.-Pyrénées). r.
Marianne (Drôme). n.
Marsanne (Drôme). b.
Melon (Côte d'Or). b.
Meseguera (Espagne). b.
Muscadet blanc (Jura). b.
Neyran (Allier). r.
Noir menu (Meurthe). n.
Passerille noire (Drôme). n.
Pernant (Côte d'Or). n.
Pineau blanc Id. n.
— fleuri ou noirien Id. n.
— gris Id. r.
Plant de la Dole (Genève). n.
— de Portugal.
— moure (Côte d'Or). n.
Pulsar noir (Jura). n.
— queue longue et rouge
(Jura). n.
Riesling blanc de Rudeshein. b.
— Johannisberg. b.
Roussane blanche (Drôme). b.
Salvagnie noire (Jura). n.
Savagnin vert. n.
Sauvignon blanc. b.
Sémillon blanc (Gironde). b.
Sercial (Portugal). b.
Sirac (le petit) (Drôme). n.
— (le gros) Id. n.
Siramuse noire. Id. n.
Tokay (plant de) n.
Trousseau noir (Jura). n.
Verdot (le petit) (Gironde). n.

INDICATION DES LIÈUX OU CROISSENT, DANS L'ARRONDISSEMENT DE GRENOBLE, QUELQUES ESPÈCES NON SIGNALÉES DANS CETTE CONTRÉE PAR LES AUTEURS (1).

RANUNCULUS ADUNCUS *Gren.* et *Godr.*, Fl. fr., 1, p. 32. — Habite bois taillis entre Pariset et Saint-Nizier; bois de la Motte-Saint-Martin, près de l'établissement thermal.

RANUNCULUS FRIESANUS *Jord.*, Obs., 6 fragm., p. 17. — Assez commun autour de Grenoble : Saint-Nizier, Saint-Eynard, le Sappey, la Grande-Chartreuse, etc.

BARBAREA INTERMEDIA *Boreau* Fl. du Centre, éd. 1, p. 48.— *Gren.* et *Godr.*, Fl. fr., 1, p. 91, — Se trouve à Saint-Nizier, aux bords des champs cultivés; autour des cultures qui avoisinent le lac de Luitel au-dessus de Prémol.

THLASPI MONTANUM *L.* —*Gren.* et *Godr.*, Fl. fr., 1, p. 143. *non Vill. nec Mutel* (2). — Habite : Montagne de Chalais, près de Voreppe; Pas de l'Echelle, entre Saint-Gervais et Rencurel; découvert dans ces localités par notre ami M. B. Jayet.

SILENE GLAREOSA *Jord.*, Pug., p. 31. — Habite débris mouvants des rochers calcaires de Saint-Nizier, Chame-Chaude, etc.

STELLARIA BORÆANA *Jord.*, Pugil., p. 33. — ST. *apetala Bor.*, Fl. du Cent., éd. 2, p. 85; non *Ucria.* — Commun à la Tronche, le long des murs, à l'ombre, en compagnie du *S. media* Vill.

ARENARIA LEPTOCLADOS *Reich.*, Cent. 15, p. 52, f. 4911 b. — Assez commun autour de Grenoble, sur les chemins et les vieilles murailles : La Tronche, Pont de Claix, Seyssins, Revel, etc.

VICIA VARIA *Host.*, Fl. aust., 2, p. 332. — *Cracca varia Godr.* et *Gren.*, Fl. fr., 1, p. 469. — Assez commun dans les champs cultivés : Grenoble, Gières, Seyssins, Fontaine, Saint-Nizier.

VICIA PEREGRINA *L.* — *Mutel*, Fl. du Dauphiné, éd. 2, p. 165. — Habite les champs cultivés, aux balmes de Claix.

POTENTILLA DELPHINENSIS *Gren.* et *Godr.*, Fl. fr., 1, p. 530. — Se trouve sur les rochers en allant de Charmant-Som au Collet, commune de Saint-Pierre de Chartreuse, où la plante a été découverte en 1851, par M. B. Jayet.

POTENTILLA MICRANTHA *Ram.* in *DC.*, Fl. fr., 4, p. 468. — *Gren.* et *Godr.*, Fl. fr., 1, p. 523. — Habite bois de la Motte-Saint-Martin, en face de l'établissement thermal.

ROSA CILIATO-PETALA *Bess.*, Enum. pl. Volhyn., p. 66. - *Koch.*, Fl. germ. et helv., éd. 2, p. 253. — Habite les coteaux calcaires : Pariset, mont Rachet, etc.

ROSA MONTANA *Chaix* in *Vill*, Dauph., 1, p. 346. — *Mutel*, Dauph., éd. 2., p. 189. — Se trouve en allant du village du Mont de Lans à l'alpe du même nom.

SORBUS SCANDICA *Fries*, Fl. hall., p. 83. — *Gren.* et *Godr.*, Fl. fr., 1, p. 573. — Assez commun sur les montagnes, à la hauteur de 800 à 1,200 mètres : Saint-Nizier, forêt de Porte, Venosc, la Motte-Saint-Martin, etc.

EPILOBIUM LANCEOLATUM *Seb.* et *Maur.*, Fl. rom., p. 138, tab. 1, fig. 2. — *Gren.* et *Godr.*, Fl. fr., 1, p. 581. — Se rencontre parmi les blocs de pierres granitiques qui bordent le chemin qui conduit de Vaulnaveys à l'ancienne abbaye de Prémol.

SEMPERVIVUM PILIFERUM *Jord.*, Obs., 7 fragm., p. 27. — Habite les prairies de l'alpe du Mont de Lans.

SESELI CARVIFOLIUM *Vill.*, Prosp., p. 24. — *Mutel*, Fl. du Dauph., éd. 2, p. 258. — Se trouve sur les rochers qui bordent le Vénéou, à Venosc, près du village.

CAUCALIS LEPTOPHYLLA *L.* — *Mutel*, Fl. du Dauph., éd. 2, p. 265. — Se rencontre parmi les champs cultivés, à la Motte-Saint-Martin, près de l'établissement thermal.

(1) Quelques espèces nouvelles pour 'arrondissement de Grenoble ont déjà été signalées dans des notes placées à la fin du catalogue des graines du jardin botarique de Grenoble de 1852.

(2) Le *Thlaspi montanum* de Villars et de Mutel, Flores du Dauphiné, est le THLASPI VILLARSIANUM *Jord.*, Obs. 1er fragm., p. 26. — *Th. virens* Godr. et Gren., Fl. fr., 1, p. 145, *en partie.* Il est assez commun sur les hautes montagnes calcaires des environs de Grenoble.

KNAUTIA CARPOPHYLAX *Jord.*, Cat., Grenoble, 1853, p. 12. — Assez commun dans les prairies de l'alpe du Mont de Lans, surtout dans le voisinage des lieux pierreux.

KNAUTIA SUBCANESCENS *Jord.*, Cat., Grenoble, 1853, p. 12. — Commun dans les prairies de l'alpe du Mont de Lans.

PYROLA MEDIA *Swartz.* Vet. ac handl., p. 257. — *Koch.*, Fl. germ. et helv., éd. 2, p. 550. — Habite Saint-Nizier, parmi les bois de sapins.

DIGITALIS MEDIA *Roth.*, Cat. bot., 2, p. 60. — *Koch.*, Fl. germ. et helv., ed. 2, p. 597. — Se rencontre à Saint-Nizier, sur les coteaux au-dessous des rochers dits les Pucelles.

OROBANCHE AMETHYSTEA *Thuill.*, Fl. par., ed. 2, p. 317. — *Gren.* et *Godr.*, Fl. fr., 2, p. 641. — Se trouve sur les coteaux : Pariset, la Bastille, etc.; parasite sur les racines de l'*Eryngium campestre L.*

STACHYS DELPHINENSIS *Jord.*, Cat., Grenoble, 1853, p. 12. — Assez commun autour de l'établissement thermal de la Motte-Saint-Martin : sur la route de Grenoble et sur le chemin qui conduit à la montagne de Séneppe; Pariset, dans les champs incultes.

ARUM ITALICUM *Mill.*, Dict., n° 2. — *Gren.* et *Godr.*, Fl. fr., 3, p. 330. — Assez commun autour de Grenoble, dans les fossés et les haies : Saint-Martin le Vinoux, la Buisserate, le Fontanil, Saint-Robert, etc.

ERRATA.

Page 3. Ordre 2. *Magnoliacées*, — lisez Ordre 3.
— 7. 1re colonne. Petrocallis pyenaica, — lisez *Petr. pyrenaica.*
— 8. — Sisymbrium pinnatifidium, — lisez *Sis. pinnatifidum.*
— 8. 2e colonne. Erysimum autareticum, — lisez *Erys. helveticum DC.*
— 10. — Viola conica, — lisez *Viola corsica.*
— 14. — Hibiscus liliifforus, — lisez *Hibiscus lilliflorus.*
— 15. — ASTRAPÆA (genre), — lisez ASTRAPÆA.
— 21. 1re colonne. SÁPHORA (genre), — lisez SOPHORA.
— 23. — Dorycnium corsicnm, — lisez *D. corsicum.*
— 24. 2e colonne. Vicia Boissieri *Boiss.* et *Heldr.*, — lisez *V. Boissieri Heldr. et Sart.*
— 28. — Potentilla delphinensis *Gr.* et *Godr.*, — substituez Arrt de Grenoble à la place de Dauphiné.
— 31. 1re colonne. ZAUCHNERIA (genre), lisez ZAUSCHNERIA.
— 32. — PHILADELPUS (genre), — lisez PHILADELPHUS.
— 35. 2e colonne. AIZOON (genre), — ajoutez L.
— 39. 1re colonne. Heracleum delphinense *Jord.*, — substituez Dauphiné à la place d'Arrt de Grenoble.
— 49. 2e colonne. Senecio mikanioides *Otto* et *Walp.*, — lisez *Otto* seul, comme auteur.
— 55 — Columnea crassifolia *Ad. Brongn.*, — ajoutez Mexique.
— 56. 1re colonne. Erica caffra, — lisez *E. persoluta L.* Cap.
— 61. 2e colonne. Anchusa indulata, — lisez *Anch. undulata.*
— 72. 1re colonne. Oxyria elatior *Hill.*, — lisez *Ox. elatior R. Brown.*
— 72. 2e colonne. ATRAPHAXIS (genre), — lisez ATRAPHAXIS.
— 72. — Polygonum ambiguum *H. Genev.*, — lisez *Pol. ambiguum Meisn.* et ajoutez Népaul.
— 72. — Fagopyrum rotundatum *Babing*, — ajoutez Himalaya.
— 72. — Muchlenbeckia nummulariæfolia *Ad. Brong.*, lisez *Mühlenbeckia complexa Meisn.* Nouvelle-Zélande.
— 76. — Populus grandideetata, — lisez *Populus grandidentata.*
— 81. — Tillandsia acaulis, — ajoutez *Lindl.* avant Brésil.

www.ingramcontent.com/pod-product-compliance
Lightning Source LLC
Chambersburg PA
CBHW071506200326
41519CB00019B/5887